高职高专"十三五"建筑及工程管理类专业系列规划教材
"互联网+"创新教育教材

建筑工程量清单计价

主　编　刘盛辉

主　审　祝和意　郝良秋

Construction
Project

U0282215

西安交通大学出版社

XI'AN JIAOTONG UNIVERSITY PRESS

国　家　一　级　出　版　社
全国百佳图书出版单位

内 容 提 要

　　本书根据《建设工程工程量清单计价规范》（GB 50500—2013）的有关内容，结合陕西省现行的清单计价规范和《陕西省建筑、装饰工程消耗量定额》（2004）的有关内容，系统、详细地介绍了工程量清单投标报价的编制办法。本书最后以西安市一个实际单项工程，完整、详细地介绍了招标控制价的编制过程。

　　通过本书的学习，学生可以在较短的时间内掌握工程量清单计价的基本原理和方法，并能够熟练运用《建设工程工程量清单计价规范》编制工程量清单及投标报价文件。

　　本书可作为高职高专建筑工程技术、工程造价、工程监理及相关专业的教材，也可作为建筑工程技术人员和工程管理人员的参考用书。

前 言
Foreword

  自 2013 年 10 月以来,工程造价专业教学团队以国家级骨干院校建设为契机,基于陕西省工程造价专业综合改革项目,在借鉴国内外先进的职业教育理念的基础上编制了此教材。编者根据工程造价专业核心课程特点和学生实际,坚持核心课程教学设计遵循"项目贯穿、能力递进"的原则,以典型工程为载体,贯穿核心课程始终,使学生在完成项目任务的过程中学习专业知识,通过"教、学、做"三位一体的教学模式,培养学生专业能力的同时提高学生的方法能力、社会能力。

  本书根据《建设工程工程量清单计价规范》(GB 50500—2013)的有关内容,结合陕西省现行的清单计价规范和《陕西省建筑、装饰工程消耗量定额》(2004)的有关内容,系统、详细地介绍了工程量清单投标报价的编制办法。本书最后以西安市一个实际单项工程,完整、详细地介绍了招标控制价的编制过程。通过本书的学习,学生可以在较短的时间内掌握工程量清单计价的基本原理和方法,并能够熟练运用《建设工程工程量清单计价规范》编制工程量清单及投标报价文件。

  本书由陕西铁路工程职业技术学院刘盛辉主编。具体编写分工如下:刘盛辉编写了项目 1、项目 2、任务 3.1 和任务 3.2,陕西铁路工程职业技术学院李常茂编写了任务 3.3 至任务 3.5、任务 4.1、任务 4.3.6 至 4.3.11、附录 1、附录 2、附录 3,陕西铁路工程职业技术学院王娟编写了任务 4.3.1 至 4.3.5,中建八局岳滨编写任务 4.2。

  本书由陕西铁路工程职业技术学院祝和意、中交隧道局郝良秋担任主审,他们为本书的编写提出了宝贵的意见和建议。另外,本书的编写过程中参考了有关文献资料,得到了编者所在院校的大力支持,谨此一并致谢。

  我国的工程量清单计价规范和陕西省建筑装饰工程消耗量定额在不断地更新和完善中,加之作者水平有限,书中难免不妥之处,敬请广大读者批评指正。

编 者

2018 年 3 月

目 录
Contents

1

项目 1　工程量清单计价基础知识

 项目描述

　　本项目从整体上介绍了工程量清单计价的来源及其在我国工程造价史上的发展历程;详细解读了《建设工程工程量清单计价规则》(GB 50500—2013)和《房屋建筑与装饰工程工程量计算规范》(GB 50854—2013);比较了清单计价和定额计价两种计价模式的异同点;详述了陕西省建设工程消耗量定额,为后面介绍陕西省工程量清单计价规范作好了铺垫。

拟实现的教学目标

- 了解《建设工程工程量清单计价规范》在我国的发展历程及适用范围;
- 掌握《建设工程工程量清单计价规范》(GB 50500—2013)术语的基本含义;
- 掌握《房屋建筑与装饰工程工程量计算规范》(GB 50854—2013)的基本内容;
- 掌握陕西省建设工程消耗量定额的内容组成及使用方法。

任务 1.1　《建设工程工程量清单计价规范》概述

1.1.1　《建设工程工程量清单计价规范》的发展历程

　　20 世纪 90 年代中后期,是中国建设市场迅猛发展的时期。1999 年《中华人民共和国招标投标法》的颁布标志着中国建设市场基本形成,人们充分认识到建筑产品的商品属性,并且随着计划经济制度的不断弱化,政府已经不再是工程项目唯一的或主要的投资者。而定额计价制度依然保留着政府对工程造价统一管理的色彩,因此在建设市场的交易过程中,传统的定额计价制度与市场主体要求拥有自主定价权之间发生了矛盾和冲突,主要表现为:

　　(1)浪费了大量的人力、物力,招投标双方存在着大量的重复劳动。招标单位和投标单位按照同一定额、同一图纸、相同的施工方案、相同的技术规范重复工程量和工程造价的计算工作,没有反映出投标单位"价"的竞争和工程管理水平。

　　(2)投标单位的报价按统一定额计算,不能按照自己的具体施工条件、施工设备和技术专长来确定报价;不能按照自己的采购优势来确定材料预算价格;不能按照企业的管理水平来确定工程的费用开支;企业的优势体现不到投标报价中。

　　(3)工程量清单计价模式的建立和发展。随着《中华人民共和国招标投标法》在 2000 年的实施,标准的《建设工程施工合同(示范文本)》的推广,以及由于我国加入 WTO 导致的与国际市场接轨速度的加快,这些客观条件催生了工程量清单计价模式在我国的建立。

　　本着国家宏观调控、市场竞争形成价格的原则,为规范建设工程工程量清单计价行为,统一建设工程工程量清单的编制和计价方法,中华人民共和国建设部、中华人民共和国国家质量监督检验检疫总局于 2003 年 2 月 17 联合发布了我国历史上第一部《建设工程工程量清单计价规范》(GB 50500—2003),并在 2003 年 7 月 1 日开始正式实施。

2008 年 7 月 9 日颁发的《建设工程工程量清单计价规范》(GB 50500—2008)总结了《建设工程工程量清单计价规范》(GB 50500—2003)实施以来的经验,针对执行中存在的问题,特别是清理拖欠工程款工作中普遍反映的,在工程实施阶段中有关工程价款调整、支付、结算等方面缺乏依据的问题,主要修订了原规范正文中不尽合理、可操作性不强的条款及表格格式,特别增加了采用工程量清单计价如何编制工程量清单和招标控制价、投标报价、合同价款约定以及工程计量与价款支付、工程价款调整、索赔、竣工结算、工程计价争议处理等内容,并增加了条文说明。该规范在 2008 年 12 月 1 日正式实施。

当前我国实施的《建设工程工程量清单计价规范》(GB 50500—2013)是 2013 年 7 月 1 日中华人民共和国住房和城乡建设部编写颁发实施的文件。其内容根据《中华人民共和国建筑法》《中华人民共和国合同法》《中华人民共和国招标投标法》等法律以及最高人民法院《关于审理建设工程施工合同纠纷案件适用法律问题的解释》(法释〔2004〕14 号),按照我国工程造价管理改革的总体目标,本着国家宏观调控、市场竞争形成价格的原则制定的。

1.1.2 《建设工程工程量清单计价规范》的使用范围和内容

《建设工程工程量清单计价规范》(GB 50500—2013)规定,凡国有资金投资的工程项目,不分工程建设项目规模,必须采用工程量清单计价。对于不采用工程量清单计价方式的工程建设项目,除工程量清单等专门规定外,该规范的其他条文仍应执行。

1. 使用国有资金投资项目

(1)使用各级财政预算资金的项目;

(2)使用纳入财政管理的各种政府性专项建设资金的项目;

(3)使用国有企、事业单位自有资金,并且国有资产者实际拥有控股权的项目。

2. 国家融资项目

(1)使用国家发行债券所筹集资金的项目;

(2)使用国家对外借款或者担保所筹集资金的项目;

(3)使用国家政策性贷款的项目;

(4)国家授权投资主体融资的项目;

(5)国家特许的融资项目。

国有资金(含国家融资资金)为主的工程建设项目是指国有资金占投资总额 50％以上,或虽不足 50％但国有投资者实质上拥有控股权的工程建设项目。

3. 非国有资金投资的工程建设项目

(1)是否采用工程量清单方式计价由项目业主自主确定;

(2)当确定采用工程量清单计价时,则应执行该规范;

(3)对不采用工程量清单方式计价的非国有资金投资工程建设项目,除不执行工程量清单计价的专门性规定外,该规范中所规定的工程价款的调整、工程计量和工程价款的支付、索赔与现场签证、竣工结算以及工程造价争议处理等内容仍应执行。

《建设工程工程量清单计价规范》(GB 50500—2013)主要内容包括:工程量清单编制、招标控制价、投标报价、合同价款约定、工程计量、合同价款调整、合同价款期中支付、竣工结算与支付、合同解除的价款结算与支付、合同价款争议的解决、工程造价鉴定、工程计价资料与档案等。

1.1.3 《建设工程工程量清单计价规范》的术语

1. 工程量清单

工程量清单是指载明建设工程分部分项工程项目、措施项目和其他项目的名称和相应数量以及规费和税金项目等内容的明细清单。

2. 招标工程量清单

招标工程量清单是指招标人依据国家标准、招标文件、设计文件以及施工现场实际情况编制的，随招标文件发布供投标报价的工程量清单，包括对其的说明和表格。

3. 已标价工程量清单

已标价工程量清单是指构成合同文件组成部分的投标文件中已标明价格，经算术性错误修正（如有）且承包人已确认的工程量清单，包括对其的说明和表格。工程量清单是招标工程量清单和已标价工程量清单的总称。

已标价工程量清单特指承包商中标后的工程量清单，不是指所有投标人的标价工程量清单。因为"构成文件组成部分"的"已标价工程量清单"只能是中标人的"已标价工程量清单"；另外，有可能存在评标时评标专家已经修正了投标人"已标价工程量清单"的计算错误，并且投标人同意修正结果，最终又成为中标价的情况；或者投标人"已标价工程量清单"与"招标工程量清单"的工程数量有差别且评标专家没有发现错误，最终又成为中标价的情况。

上述两种情况说明"已标价工程量清单"有可能与"投标报价工程量"和"招标工程量清单"出现不同情况的事实，所以专门定义了"已标价工程量清单"的概念。

4. 招标控制价

招标控制价是指招标人根据国家或省级、行业建设主管部门颁发的有关计价依据和办法，以及拟定的招标文件和招标工程量清单，结合工程具体情况编制的招标工程的最高投标限价。

5. 投标价

投标价是指投标人投标时响应招标文件要求所报出的对已标价工程量清单汇总后标明的总价。投标价是投标人根据国家或省级、行业建设主管部门颁发的计价办法，企业定额、国家或省级、行业建设主管部门颁发的计价定额，招标文件、工程量清单及其补充通知、答疑纪要，建设工程设计文件及相关资料，施工现场情况、工程特点及拟定的投标施工组织设计或施工方案，与建设项目相关的标准、规范等技术，市场价格信息或工程造价管理机构发布的工程造价信息编制的投标时报出的工程总价。

6. 签约合同价

签约合同价是指发承包双方在工程合同中约定的工程造价，即包括了分部分项工程费、措施项目费、其他项目费、规费和税金的合同总金额。

7. 竣工结算价

竣工结算价是指发承包双方依据国家有关法律、法规和标准规定，按照合同约定确定的，包括在履行合同过程中按合同约定进行的合同价款调整，承包人按合同约定完成了全部承包工作后，发包人应付给承包人的合同总金额。

在履行合同过程中按合同约定进行的合同价款调整是指工程变更、索赔、政策变化等引起的价款调整。

1.1.4 《建设工程工程量清单计价规范》中各种价格的关系

工程量清单计价活动各种价格主要指招标控制价、已标价工程量清单、投标价、签约合同价、竣工结算价。

1. 招标控制价和各种价格之间的关系

《建设工程工程量清单计价规范》(GB 50500—2013)第 6.1.5 条规定"投标人的投标价高于招标控制价的应予废标",所以招标控制价是投标控制价的最高限价。

《建设工程工程量清单计价规范》(GB 50500—2013)第 5.1.2 条规定:"招标控制价应由具有编制能力的招标人或受其委托具有相应资质的工程造价咨询人编制和复核。"

招标控制价是工程实施时调整工程价款的计算依据,例如,分部分项工程量偏差引起的综合单价调整就需要根据招标控制价中对应的分部分项综合单价进行;招标控制价应根据工程类型确定合适的企业等级,根据本地区的计价定额、费用定额、人工费调整文件和市场信息价编制;招标控制价应反映建造该工程的社会平均水平工程造价;招标控制价的质量和复核由招标人负责。

2. 投标价与各种价格之间的关系

投标价一般由投标人编制。投标价根据招标工程量和有关依据进行编制。投标价不能高于招标控制价。包括工程量的投标价称为"已标价工程量清单",它是调整工程价款和计算工程结算价的主要依据之一。

3. 签约合同价与各种价格之间的关系

签约合同价根据中标价(中标人的投标价)确定。发承包双方在中标价的基础上协商确定签约合同价。一般情况下承包商能够让利的话,签约合同价要低于中标价。签约合同价也是调整工程价款和计算工程结算价的主要依据之一。

4. 竣工结算价与各种价格之间的关系

竣工结算价由承包商编制。竣工结算价根据招标控制价、已标价工程量清单、签约合同价和工程变更资料编制。上述工程量清单计价各种价格之间的关系如图 1-1 所示。

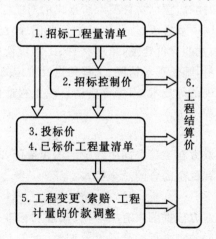

图 1-1 工程量清单计价各种价格之间的关系

任务 1.2 工程量计算规范概述

1.2.1 工程量计算规范的意义

1.规范了工程造价计量行为

在工程量清单计价时,确定工程造价首先要根据施工图,计算以 m、m²、m³、t 等为计量单位的工程数量。工程施工图往往表达的是一个由不同结构和构造、多种几何形体组成的结合体。因此,在错综复杂的长度、面积、体积等清单工程量计算中必须要有一个权威的、强行执行的规定来统一规范工程量清单计价的计量行为。于是工程量计算规范的颁发呼之欲出。

2.统一了工程量清单的项目设置和计量规则

颁发的工程量计算规范设置了各专业工程的分部分项项目,统一了清单工程量项目的划分,进而保证了每个单位工程工程量清单项目的一致性。

工程量计算规范根据每个项目的计算特点和考虑到计价定额的有关规定,设置了每个清单工程量项目的项目名称、项目特征、计量单位、工程量计算规则和工作内容。

1.2.2 工程计量规范的内容

1.工程量计算规范包含的专业

2013 年颁发的工程量计算规范包括 9 个专业工程,它们是:

(1)房屋建筑与装饰工程(GB 50854—2013);

(2)仿古建筑工程(GB 50855—2013);

(3)通用安装工程(GB 50856—2013);

(4)市政工程(GB 50857—2013);

(5)园林绿化工程(GB 50858—2013);

(6)矿山工程(GB 50859—2013);

(7)构筑物工程(GB 50860—2013);

(8)城市轨道交通工程(GB 50861—2013);

(9)爆破工程(GB 50862—2013)。

2.各专业工程量计算规范包含的内容

各专业工程量计算规范除了包括总则、术语、一般规定外,其主要内容是分部分项工程项目和措施项目内容。下面以《房屋建筑与装饰工程工程量计算规范》(GB 50854—2013)为例介绍工程量清单计价规范的内容。

(1)总则。

各专业工程计量规范中的总则主要包括了:

①制定工程量计算规范的目的。例如,"为规范房屋建筑与装饰工程造价计量行为,统一房屋建筑与装饰工程工程量计算规则、工程量清单的编制方法,制定本规范"。

②规范的适用范围。例如,"本规范适用于工业与民用的房屋建筑与装饰工程发承包及实施阶段计价活动中的工程计量和工程量清单编制"。

③强制性规定。例如"××工程计价,必须按本规范规定的工程量计算规则进行工程计量"。

（2）术语。

术语是在特定学科领域用来表示概念的称谓的集合，在我国又称为名词或科技名词。术语是通过语言或文字来表示或限定科学概念的约定性语言符号，是思想和认识交流的工具。

工程量计价规范的术语通常包括对工程量计算、房屋建筑、市政工程、安装工程等概念的定义。例如，安装工程是指各种设备、装置的安装工程。通常包括：工业、民用设备，电气、智能化控制设备，自动化控制仪表，通用空调，工业、消防及给水排水燃气管道以及通信设备安装等。

（3）工程计量。

①工程量计算依据除依据规范各项规定外，还应依据哪些文件。

②实施过程的计量办法应该按照现行国家标准《建设工程工程量清单计价规范》的相关规定执行。

③分部分项工程量清单计量单位的规定应按附录中规定的计量单位确定。规范附录中有两个或两个以上计量单位的，应结合拟建工程项目的实际情况，选择其中一个确定。工程计量时每一个项目汇总的有效位数应遵守规范规定。

④拟建工程项目中涉及非本专业计量规范的处理方法。

（4）工程量清单编制。

①编制工程量清单的依据；

②分部分项工程量清单编制；

③措施项目清单编制；

④其他项目、规费和税金项目编制；

⑤补充工程量清单项目编制。

（5）附录。

房屋建筑与装饰工程工程量计算规范从附录 A 至附录 S 共有 16 个（去掉了字母 I 和 O）分部工程。

每一附录的主要内容包括：①附录名称；②小节名称；③统一要求；④工程量分节表名称；⑤分节表中的工程量项目名称、项目编码、项目特征、计量单位、工程量计算规则、工作内容；⑥注明；⑦附加表等。附录是以表格和备注说明的形式出现的，分部工程项目表格中会出现项目编码、项目名称、项目特征、计量单位、工程量计算规则、工程内容等六栏，备注是对表格内容的解释。

例如，《房屋建筑与装饰工程工程量计算规范》附录 A 中的"A.1 土方工程"的主要内容包括：

①附录名称：附录 A 土石方工程。

②小节名称：A.1 土方工程。

③统一要求："土方工程工程量清单项目设置、项目特征描述的内容、计量单位及工程量计算规则，应按表 A.1 的规定执行"。

④工程量分节表名称：表 A.1 土方工程（编号 010101）。

⑤分节表中的工程量项目名称、项目编码、项目特征、计量单位、工程量计算规则、工作内容。例如"平整场地"项目的编码为"010101001"、项目特征为"1.土壤类别　2.弃土运距　3.取土运距"。

⑥注明：例如注2"建筑物场地厚度≤±300mm的挖、填、运、找平，应按本表中平整场地项目编码列项。厚度＞±300mm的竖向布置挖土或山坡切土应按本表中挖一般土方项目编码列项"。

⑦附加表：A.1土方工程附加了"表A.1-1土壤分类表""表A.1-2土方体积折算系数表""表A.1-3放坡系数表""表A.1-4基础工程只需工作面宽度计算表""表A.1-5管沟施工每侧所需工作面宽度计算表"。见表1-1。

表1-1　《房屋建筑与装饰工程工程量计算规范》(GB 50854—2013)附录框架表

序号	目录	内容
附录A	土石方工程	附录A　土石方工程 A.1土方工程。工程量清单项目设置、项目特征描述的内容、计量单位及工程量计算规则，应按表A.1的规定执行。 表A.1　土方工程(编号：010101) <table><tr><th>项目编码</th><th>项目名称</th><th>项目特征</th><th>计量单位</th><th>计算规则</th><th>工作内容</th></tr><tr><td>010101001</td><td>平整场地</td><td>1.土壤类别 2.弃土运距 3.取土运距</td><td>m²</td><td>按设计图示尺寸以建筑物首层建筑物面积</td><td>1.土方挖填 2.场地找平 3.运输</td></tr><tr><td>……</td><td>……</td><td>……</td><td>……</td><td>……</td><td>……</td></tr></table>
附录B	地基处理与边坡支护工程	附录B　地基处理与边坡支护工程 B.1地基处理。工程量清单项目设置、项目特征描述的内容、计量单位及工程量计算规则，应按表B.1的规定执行。 表B.1　地基处理(编号：010201) <table><tr><th>项目编码</th><th>项目名称</th><th>项目特征</th><th>计量单位</th><th>计算规则</th><th>工作内容</th></tr><tr><td>010201001</td><td>换填垫层</td><td>1.材料种类及配比 2.压实系数 3.掺加剂品种</td><td>m³</td><td>按设计图示尺寸以体积计算</td><td>1.分层铺填 2.碾压、振密或夯实 3.材料运输</td></tr><tr><td>……</td><td>……</td><td>……</td><td>……</td><td>……</td><td>……</td></tr></table>

续表 1-1

序号	目录	内容
附录 C	桩基工程	**附录 C 桩基工程** C.1 打桩。工程量清单项目设置、项目特征描述的内容、计量单位及工程量计算规则，应按表 C.1 的规定执行。 表 C.1 打桩（编号：010301）

表 C.1 打桩（编号：010301）

项目编码	项目名称	项目特征	计量单位	计算规则	工作内容
010301001	预制钢筋混凝土方桩	1.地层情况 2.送桩深度、桩长 3.桩截面 4.桩倾斜度 5.沉桩方法 6.接桩方式 7.混凝土强度等级	1. m 2. m³ 3. 根	1.以米计量，按设计图示尺寸以桩长（包括桩尖）计算 2.以立方米计量，按设计图示截面积乘以桩长（包括桩尖）以实体积计算 3.以根计量，按设计图示数量计算	1.工作平台搭拆 2.桩机竖拆、移位 3.沉桩 4.接桩 5.送桩
······	······	······	······	······	······

附录 D 砌筑工程

D.1 砖砌体。工程量清单项目设置、项目特征描述的内容、计量单位及工程量计算规则，应按表 D.1 的规定执行。

表 D.1 砖砌体（编号：010401）

项目编码	项目名称	项目特征	计量单位	计算规则	工作内容
010401001	砖基础	1.砖品种、规格、强度等级 2.基础类型 3.砂浆强度等级 4.防潮层材料种类	m³	1.按设计图示尺寸以体积计算 2.包括附墙垛基础宽出部分体积，扣除地梁（圈梁）、构造柱所占体积，不扣除基础大放脚 T 形接头处的重叠部分及嵌入基础内的钢	1.砂浆制作、运输 2.砌砖 3.防潮层铺设 4.材料运输

（序号栏：附录 D，目录栏：砌筑工程）

序号	目录	内容				
					筋、铁件、管道、基础砂浆防潮层和单个面积≤0.3 m² 的孔洞所占体积,靠墙暖气沟的挑檐不增加 3.基础长度:外墙按外墙中心线,内墙按内墙净长线计算	
		……	……	……	……	……

附录 E 混凝土及钢筋混凝土工程

E.1 现浇混凝土基础。工程量清单项目设置、项目特征描述的内容、计量单位及工程量计算规则应按表 E.1 的规定执行。

表 E.1 现浇混凝土基础(编号:010501)

序号	目录	项目编码	项目名称	项目特征	计量单位	计算规则	工作内容
附录 E	混凝土及钢筋混凝土工程	010501001	垫层	1.混凝土种类 2.混凝土强度等级	m³	按设计图示尺寸以体积计算。不扣除伸入承台基础的桩头所占体积	1.模板及支撑制作、安装、拆除、堆放、运输及清理模内杂物、刷隔离剂等 2.混凝土制作、运输、浇筑、振捣、养护
		……	……	……	……	……	……

序号	目录	内容
附录 F	金属结构工程	附录 F　金属结构工程 F.1 钢网架。工程量清单项目设置、项目特征描述、计量单位及工程量计算规则应按表 F.1 的规定执行。 表 F.1　钢网架(编码:010601)

项目编码	项目名称	项目特征	计量单位	计算规则	工作内容
010601001	钢网架	1.钢材品种、规格 2.网架节点形式、连接方式 3.网架跨度、安装高度 4.探伤要求 5.防火要求	t	按设计图示尺寸以质量计算。不扣除孔眼的质量,焊条、铆钉等不另增加质量	1.拼装 2.安装 3.探伤 4.补刷油漆

序号	目录	内容
附录 G	木结构工程	附录 G　木结构工程 G.1 木屋架。工程量清单项目设置、项目特征描述、计量单位及工程量计算规则应按表 G.1 的规定执行。 表 G.1　木屋架(编码:010701)

项目编码	项目名称	项目特征	计量单位	计算规则	工作内容
010701001	木屋架	1.跨度 2.材料品种、规格 3.刨光要求 4.拉杆及夹板种类 5.防护材料种类	1.榀 2.m³	1.以榀计量,按设计图示数量计算 2.以立方米计量,按设计图示的规格尺寸以体积计算	1.制作 2.运输 3.安装 4.刷防护材料
......	......	......	......	......	......

序号	目录	内容
附录 H	门窗工程	附录 H 门窗工程 H.1 木门。工程量清单项目设置、项目特征描述、计量单位及工程量计算规则应按表 H.1 的规定执行。 表 H.1 木门(编码:010801) | 项目编码	项目名称	项目特征	计量单位	计算规则	工作内容
---	---	---	---	---	---
010801001	木质门	1.门代号及洞口尺寸 2.镶嵌玻璃品种、厚度	1.樘 2.m²	1.以樘计量,按设计图示数量计算 2.以平方米计量,按设计图示洞口尺寸以面积计算	1.门安装 2.玻璃安装 3.五金安装
……	……	……	……	……	……	
附录 J	屋面及防水工程	附录 J 屋面及防水工程 J.1 瓦、型材及其他屋面。工程量清单项目设置、项目特征描述、计量单位及工程量计算规则应按表 J.1 的规定执行。 表 J.1 瓦、型材及其他屋面(编码:010901) | 项目编码	项目名称	项目特征	计量单位	计算规则	工作内容
---	---	---	---	---	---
010901001	瓦屋面	1.瓦品种、规格 2.黏结层砂浆的配合比	m²	按设计图示尺寸以斜面积计算。不扣除房上烟囱、风帽底座、风道、小气窗、斜沟等所占面积。小气窗的出檐部分不增加面积	1.砂浆制作、运输、摊铺、养护 2.安瓦、作瓦脊
……	……	……	……	……	……	

序号	目录	内容
附录 K	保温、隔热、防腐工程	附录 K 保温、隔热、防腐工程 K.1 保温、隔热。工程量清单项目设置、项目特征描述、计量单位及工程量计算规则应按表 K.1 的规定执行。 <div align="center">表 K.1 保温、隔热(编码:011001)</div>

项目编码	项目名称	项目特征	计量单位	计算规则	工作内容
011001001	保温隔热屋面	1. 保温隔热材料品种、规格、厚度 2. 隔气层材料品种、厚度 3. 黏结材料种类、做法 5. 防护材料种类、做法	m²	按设计图示尺寸以面积计算。扣除面积＞0.3m²孔洞及占位面积	1. 基层清理 2. 刷黏结材料 3. 铺黏保温层 4. 铺、刷(喷)防护材料
……	……	……	……	……	……

序号	目录	内容
附录 L	楼地面装饰工程	附录 L 楼地面装饰工程 L.1 整体面层及找平层。工程量清单项目的设置、项目特征描述的内容、计量单位及工程量计算规则应按表 L.1 的规定执行。 <div align="center">表 L.1 整体面层及找平层(编码:011101)</div>

项目编码	项目名称	项目特征	计量单位	计算规则	工作内容
011101001	水泥砂浆楼地面	1. 找平层厚度、砂浆配合比 2. 素水泥浆遍数 3. 面层厚度、砂浆配合比 4. 面层做法要求	m²	按设计图示尺寸以面积计算。扣除凸出地面构筑物、设备基础、室内铁道、地沟等所占面积,不扣除间壁墙及≤0.3 m²柱、垛、附墙烟囱及孔洞所占面积。门洞、空圈、暖气包槽、壁龛的开口部分不增加面积	1. 基层清理 2. 抹找平层 3. 抹面层 4. 材料运输
……	……	……	……	……	……

序号	目录	内容
附录 M	墙、柱面装饰与隔断、幕墙工程	附录 M 墙、柱面装饰与隔断、幕墙工程 M.1墙面抹灰。工程量清单项目的设置、项目特征描述的内容、计量单位及工程量计算规则应按表 M.1 的规定执行。 表 M.1 墙面抹灰(编码:011201)

表 M.1 墙面抹灰(编码:011201)

项目编码	项目名称	项目特征	计量单位	计算规则	工作内容
011201001	墙面一般抹灰	1.墙体类型 2.底层厚度、砂浆配合比 3.面层厚度、砂浆配合比 4.装饰面材料种类 5.分格缝宽度、材料种类	m²	按设计图示尺寸以面积计算。扣除墙裙、门窗洞口及单个＞0.3 m² 的孔洞面积,不扣除踢脚线、挂镜线和墙与构件交接处的面积,门窗洞口和孔洞的侧壁及顶面不增加面积。附墙柱、梁、垛、烟囱侧壁并入相应的墙面面积内 1.外墙抹灰面积按外墙垂直投影面积计算。 2.外墙裙抹灰面积按其长度乘以高度计算 3.内墙抹灰面积按主墙间的净长乘以高度计算 (1)无墙裙的,高度按室内楼地面至天棚底面计算 (2)有墙裙的,高度按墙裙顶至天棚底面计算 4.内墙裙抹灰面按内墙净长乘以高度计算	1.基层清理 2.砂浆制作、运输 3.底层抹灰 4.抹面层 5.抹装饰面 6.勾分格缝
……	……	……	……	……	……

序号	目录	内容
附录 N	天棚工程	附录 N 天棚工程 N.1 天棚抹灰。工程量清单项目的设置、项目特征描述的内容、计量单位及工程量计算规则应按表 N.1 的规定执行。 表 N.1 天棚抹灰(编码:011301) （见下表）

项目编码	项目名称	项目特征	计量单位	计算规则	工作内容
011301001	天棚抹灰	1.基层类型 2.抹灰厚度、材料种类 3.砂浆配合比	m²	按设计图示尺寸以水平投影面积计算。不扣除间壁墙、垛、柱、附墙烟囱、检查口和管道所占的面积,带梁天棚的梁两侧抹灰面积并入天棚面积内,板式楼梯底面抹灰按斜面积计算,锯齿形楼梯底板抹灰按展开面积计算	1.基层清理 2.底层抹灰 3.抹面层

续表 1-1

序号	目录	内容
附录 P	油漆、涂料、裱糊工程	附录 P 油漆、涂料、裱糊工程 P.1 门油漆。工程量清单项目设置、项目特征描述的内容、计量单位及工程量计算规则应按表 P.1 的规定执行。 表 P.1 门油漆(编号:011401) **表格见下方**
附录 Q	其他装饰工程	附录 Q 其他装饰工程 Q.1 柜类、货架。工程量清单项目设置、项目特征描述的内容、计量单位及工程量计算规则应按表 Q.1 的规定执行。 表 Q.1 柜类、货架(编号:011501) **表格见下方**

表 P.1 门油漆(编号:011401)

项目编码	项目名称	项目特征	计量单位	计算规则	工作内容
011401001	木门油漆	1. 门类型 2. 门代号及洞口尺寸 3. 腻子种类 4. 刮腻子遍数 5. 防护材料种类 6. 油漆品种、刷漆遍数	1. 樘 2. m²	1. 以樘计量,按设计图示数量计量 2. 以平方米计量,按设计图示洞口尺寸以面积计算	1. 基层清理 2. 刮腻子 3. 刷防护材料、油漆
……	……	……	……	……	……

表 Q.1 柜类、货架(编号:011501)

项目编码	项目名称	项目特征	计量单位	计算规则	工作内容
011501001	柜台	1. 台柜规格 2. 材料种类、规格 3. 五金种类、规格 4. 防护材料种类 5. 油漆品种、刷漆遍数	1. 个 2. m 3. m³	1. 以个计量,按设计图示数量计量 2. 以米计量,按设计图示尺寸以延长米计算 3. 以立方米计量,按设计图示尺寸以体积计算	1. 台柜制作、运输、安装(安放) 2. 刷防护材料、油漆 3. 五金件安装
……	……	……	……	……	……

序号	目录	内容
附录 R	拆除工程	附录 R 拆除工程 R.1 砖砌体拆除。工程量清单项目的设置、项目特征描述的内容、计量单位及工程量计算规则应按表 R.1 的规定执行。 表 R.1 砖砌体拆除(编码:011601)

项目编码	项目名称	项目特征	计量单位	计算规则	工作内容
011601001	砖砌体拆除	1.砌体名称 2.砌体材质 3.拆除高度 4.拆除砌体的截面尺寸 5.砌体表面的附着物种类	1.m³ 2.m	1.以 m³ 计量,按拆除的体积计算 2.以 m 计量,按拆除的延长米计算	1.拆除 2.控制扬尘 3.清理 4.建渣场内、外运输

序号	目录	内容
附录 S	措施项目	附录 S 措施项目 S.1 脚手架工程。工程量清单项目设置、项目特征描述的内容、计量单位及工程量计算规则,应按表 S.1 的规定执行。 表 S.1 脚手架工程(编码:011701)

项目编码	项目名称	项目特征	计量单位	计算规则	工作内容
011701001	综合脚手架	1.建筑结构形式 2.檐口高度	m²	按建筑面积计算	1.场内、场外材料搬运 2.搭、拆脚手架、斜道、上料平台 3.安全网的铺设 4.选择附墙点与主体连接 5.测试电动装置、安全锁等 6.拆除脚手架后材料的堆放
......	......	......	......	......	......

任务1.3　我国计价模式概述

1.3.1　我国计价模式现状

现阶段在我国工程造价领域,定额和工程量清单两种计价模式并存,如图1-2所示。定额计价模式是我国传统的量价合一的工程计价模式,这种计价模式已在我国建筑工程领域使用了几十年,该计价模式快捷方便,在一定范围内还会长期运用。工程量清单计价模式于2003年在我国推广应用,是量价分离的计价模式,现行的规范为《建设工程工程量清单计价规范》(GB 50500—2013)。

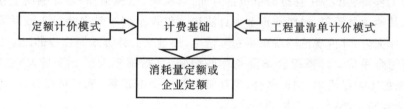

图1-2　我国计价模式

两种计价方式的适用条件:

工程量清单计价模式适用于使用国有资金投资项目或者国家融资项目必须采用工程量清单计价模式。其中,国有资金(含国家融资资金)为主的工程建设项目是指国有资金占投资总额50%以上,或虽不足50%但国有投资者实质上拥有控股权的工程建设项目。该计价模式从2003年7月1日开始实施。工程量清单计价模式是我国工程造价改革的发展趋势。

定额计价模式适用于除了工程量清单计价模式要求的其他招投标工程项目。定额计价模式始于20世纪80年代,它是计划经济的产物。

1.定额计价方法与流程

定额计价方法是指以预算额为基准确定各分部分项工程的人、材、机消耗量和定额直接费,从而确定单位工程造价的计价方法。

(1)实物估价法。

实物估价法是先根据施工图纸计算工程量,然后套基础定额,计算人工、材料和机械台班消耗量,将所有的分部分项工程资源消耗量进行归类汇总,再根据当时、当地的人工、材料、机械单价,计算并汇总人工费、材料费、机械使用费,得出分部分项工程直接费。在此基础上再计算其他直接费、间接费、利润和税金,将直接费与上述费用相加,即可得到单位工程造价。

(2)单价法。

单价法是根据国家或地方颁布的统一预算定额规定的消耗量及其单价,以及配套的取费标准和材料预算价格,根据施工图纸计算出相应的工程数量,套取相应的定额单价计算出直接工程费,再在直接工程费的基础上计算各种相关费用及利润和税金,最后汇总形成建筑产品的造价。

2.工程量清单计价法

工程量清单计价法是我国在2003年提出的一种与市场经济相适应的投标报价方法,这种计价方法是国家统一项目编码、项目名称、计量单位和统一的工程量计算规则(即"四统一"),

由各施工企业在投标报价时根据企业自身的技术装备、施工经验、企业成本、企业定额、管理水平、企业竞争目的及竞争对手情况而自主填报单价而进行报价。

工程量清单计价法的造价计算方法是"综合单价法"，即招标方给出工程量清单，投标方根据工程量清单组合分部分项工程的综合单价，并计算出分部分项工程的费用，再计算出税金，最后汇总成总造价。计算步骤如下：

(1)熟悉施工图纸及其相关资料，了解现场情况。在编制工程量清单之前，首先要熟悉施工图纸以及图纸答疑、地质勘察报告等相关资料，然后到工程建设地点了解现场实际情况，以便正确编制工程量清单。熟悉施工图纸及相关资料以便于编制分部分项工程项目名称，了解现场以便于编制施工措施项目名称。

(2)编制工程量清单。工程量清单包括封面、总说明、填表须知、分部分项工程量清单、措施项目清单、其他项目清单、规费和税金项目清单。工程量清单是由招标人或其委托人，根据施工图纸、招标文件、计价规范以及现场实际情况，经过精心计算编制而成的。

(3)计算综合单价。计算综合单价是标底编制人(指招标人或其委托人)或标价编制人(指投标人)根据工程量清单、招标文件、消耗量定额或企业定额、施工组织设计、施工图纸、材料预算价格等资料，计算分项工程的单价。

综合单价的内容包括人工费、材料费、机械费、企业管理费、利润并考虑一定范围内的风险因素。

(4)计算分部分项工程费。在综合单价计算完成后，根据工程清单及综合单价，计算分部分项工程费用。

(5)计算措施费。措施费包括安全文明施工费、夜间施工费、二次搬运费、冬雨季施工费、大型机械进出场及安拆费、施工降水费、施工排水费、模板、脚手架等内容。

(6)计算其他项目费。其他项目费包括暂列金额、暂估价、计日工、总承包服务费，其中暂估价包括材料暂估价和专业工程暂估价。

(7)计算单位工程费。前面各项内容计算完成后，将整个单位工程包括的内容汇总，形成整个单位工程费。在汇总单位工程费之前，要计算各种规费及该单位工程的税金。单位工程费包括分部分项工程费、措施项目费、其他项目费、规费和税金项目费。

(8)计算单项工程费。在各单位工程费计算完成后，将属于同一单项工程的各单位工程费汇总，形成该单项工程的总费用。

(9)计算工程项目总价。各单项工程费计算完成后，将各单项工程费汇总，形成整个项目的总造价。

1.3.2 工程量清单计价与定额计价的区别

1.编制工程量的单位不同

传统定额预算计价方法，建设工程的工程量分别由招标单位和投标单位按图计算。工程量清单计价方法工程量由招标单位统一计算或委托有工程造价咨询资质的单位统一计算，"工程量清单"是招标文件的重要组成部分，各投标单位根据招标人提供的"工程量清单"，根据自身的技术装备、施工经验、企业成本、企业定额、管理水平自主填写报价单。

2.编制工程量清单的时间不同

传统的定额预算计价法是在发出招标文件后编制(招标与投标人同时编制或投标人编制在前，招标人编制在后)。工程量清单报价法必须在发出招标文件前编制。

3.表现形式不同

采用传统的定额预算计价法一般是总价形式。工程量清单报价法采用综合单价形式,综合单价包括人工费、材料费、机械使用费、管理费、利润,并考虑风险因素。工程量清单报价具有直观、单价相对固定的特点,工程量发生变化时,单价一般不作调整。

4.编制依据不同

传统的定额预算计价法依据图纸;人工、材料、机械台班消耗量依据建设行政主管部门颁发的预算定额;人工、材料、机械台班单价依据工程造价管理部门发布的价格信息进行计算。工程量清单报价法,根据《建筑工程施工发包与承包计价管理办法》规定,标底的编制根据招标文件中的工程量清单和有关要求、施工现场情况、合理的施工方法以及按建设行政主管部门制定的有关工程造价计价办法编制。企业的招标投标报价则根据企业定额和市场价格信息,或参照建设行政主管部门发布的社会平均消耗量定额编制。

5.费用组成不同

传统预算定额计价法的工程价由直接工程费、措施费、间接费、利润、税金组成。工程量清单计价法工程造价包括分部分项工程费、措施项目费、其他费、规费和税金;包括完成每项工程包含的全部工程内容的费用;包括完成每项工作内容所需的费用(规费、税金除外);包括工程量清单中没有体现的,施工中又必须发生的工程内容所需费用;包括风险因素而增加的费用。

6.评标所用的方法不同

传统预算定额计价投标一般采用百分制评分法。工程量清单计价法投标一般采用合理低报价中标法,既要对总价进行评分,又要对综合单价进行分析评分。

7.项目编码不同

传统的预算定额全国各省市采用不同的定额子目。工程量清单计价全国实行统一编码,项目编码采用12位阿拉伯数字表示,1~9位为统一编码,后3位码由清单编制人员根据项目设置的清单项目编制。

8.合同价调整方式不同

传统定额计价合同的调整方式有变更签证、定额解释、政策性调整。工程量清单计价合同的调整方式主要是变更、索赔。工程量清单的综合单价一般通过招标中报价的形式体现,一旦中标,报价作为签订施工合同的依据相对固定下来,工程结算按承包商实际完成工程量乘以清单中相应的综合单价计算,减少了调整活口。采用传统的预算定额经常有定额解释及定额规定,结算中有政策性文件调整。而工程量清单计价单价不能随意调整。

9.工程量计算时间前置

工程量清单一般在招标前由招标人编制,也有业主为了缩短建设周期,通常在初步设计完成后就开始施工招标,在不影响施工进度的前提下陆续发放施工图纸,因此承包商据以报价的工程量清单中各项工作内容的工程量一般为概算工程量。

10.投标计算方法达到统一

因为各投标单位都根据统一的工程量清单报价,达到了计算方法统一,不再是传统预算定额招标,各投标单位各自计算工程量,各投标单位计算的工程量大相径庭。

11.索赔事件增加

因承包商对工程量清单单价包含的工作内容一目了然,所以凡是建设方不按清单内容施工的,或任意要求修改清单的,都会增加施工索赔的因素。

任务 1.4　陕西省建设工程消耗量定额概述

1.4.1　2004 年《陕西省建筑、装饰工程消耗量定额》的发展历程

2004 年《陕西省建筑、装饰工程消耗量定额》，是在原建设部 1995 年《全国统一建筑工程基础定额》和 2002 年《全国统一建筑装饰装修工程消耗量定额》的基础上，结合陕西使用新技术、新工艺、新材料、新设备的实际情况，按照《陕西省建设工程工程量清单计价规则》的要求进行编制的。

该定额是完成规定计量单位的分项工程所需人工、材料、施工机械台班社会平均消耗量标准，与《陕西省建设工程工程量清单计价规则》配合使用；是编制土建工程、装饰装修工程造价，制定招标工程标底、企业定额的基础和投标报价的参考。

该定额适用于新建、扩建、改建的建筑工程。

该定额是按照正常的施工条件，以多数建筑企业的施工机械装备程度，合理的施工工期、施工工艺、劳动组织为基础编制的，反映了社会平均消耗水平。

该定额是依据国家和地区强制性标准、推荐性标准、设计规范、施工验收规范、质量评定标准、安全技术操作规程和《陕西省 02 系列建筑标准设计图集》中的建筑用料及做法进行编制的，并参考了有代表性的工程设计、施工资料、试验室资料和其他资料。

该定额人工工日不分工种、技术等级，一律以综合工日表示。内容包括基本用工、超运距用工、人工幅度差和辅助用工。工日消耗量是以现行的全国建筑安装工程、建筑装饰工程劳动定额为基础进行计算的。

该定额材料消耗量的确定：

(1)该定额采用的建筑材料、装饰装修材料、半成品、成品均按符合国家质量标准和相应设计要求的合格产品考虑。

(2)该定额中的材料消耗包括主要材料、辅助材料和零星材料等，凡能计量的材料、成品、半成品均按品种、规格逐一列出数量，并计入了相应的损耗，其内容和范围包括：从工地仓库、现场集中堆放地点或现场加工地点至操作或安装地点的运输损耗、施工操作损耗、施工现场堆放损耗。用量很少、占材料费比重很小的零星材料合并为其他材料费，以占材料费的百分比表示。

(3)该定额中的周转性材料(钢模板、钢管支撑、木模板、脚手架)已按规定的材料周转次数摊销计入定额内，并包括必要的回库维修费用。

(4)该定额中的混凝土、砌筑砂浆、抹灰砂浆及各种胶泥等均按半成品消耗量以"m³"表示，其标号是按一般常用标号列入的。同时附录一列出了混凝土和各种砂浆配合比，供参考。

混凝土预制构件的制作损耗、运输及堆放损耗、安装(吊装、打桩)损耗不论构件大小，均按表 1-2 规定损耗率计算列入工程量内。

表 1-2 预制构件损耗率

构件名称	制作废品率(%)	运输及堆放损耗率(%)	安装、打桩损耗率(%)
各类预制构件	0.20	0.80	0.50
混凝土预制桩	0.10	0.40	1.50

计算方法:

    1. 预制构件混凝土、钢筋、模板预算制作工程量=图纸计算量×(1+制作废品率+运输及堆放损耗率+安装或打桩损耗率)

    2. 预制混凝土构件预算运输工程量=图纸计算量×(1+运输及堆放损耗率+安装或打桩损耗率)

    3. 预制混凝土构件预算安装工程量=图纸计算量×(1+安装或打桩损耗率)

该定额中的木材用量,除原木制品以外都是经过加工后的规格材料用量。规格料是指厚度符合设计和施工要求的板材;断面和长度尺寸符合设计和施工要求的方材、屋架和檩条用材。

该定额中机械类型、规格是按正常的施工条件下常用的机械类型综合确定的。

该定额中的工作内容已说明了主要的施工工序,次要工序虽未说明,但均已包括在内。

该定额中注有"××以内"或"××以下"者,均包括"××"本身;"××以外"或"××以上"者,则不包括"××"本身。

1.4.2 2004 年《陕西省建筑、装饰工程消耗量定额》的作用

定额按照主编单位和管理权限分为国家定额、地区定额与企业定额,它们的使用范围不同。2004 年《陕西省建筑、装饰工程消耗量定额》属于地区定额,主要作用如下:

(1)该定额完成了陕西省建筑装饰工程规定计量的分部分项工程所需人工、材料、施工机械台班社会平均消耗量;

(2)该定额是编制单位估价表、施工图预算的依据,是编制概算定额、投资估算的基础;

(3)该定额是控制建设工程造价,编制招标工程标底的依据之一;

(4)该定额是施工企业编制企业定额的基础和投标报价的参考依据;

(5)该定额是招标人与中标人签订工程施工合同及办理竣工结算的主要依据或参考。

1.4.3 2004 年《陕西省建筑、装饰工程消耗量定额》的组成

《陕西省建筑、装饰工程消耗量定额》由编制说明、建筑面积计算规则和 16 章定额组成。上册包含第 1 章至 9 章内容,中册包含第 10 章内容,下册包含第 11 章至 16 章内容。

(1)总说明。总说明是指导使用定额的指南,是整套定额纲领性的说明,是使用定额的主线。总说明主要是说明本定额编制的目的,适用的范围、作用及用途,编制的背景和依据,使用时允许换算的内容及方法,不允许换算的内容及其他规定等。

(2)建筑面积计算规则。内容分总则、术语、计算建筑面积的规定和不计算建筑面积的规定以及附图四个部分。

(3)各章节定额。第一章"土石方工程"、第二章"桩基工程"、第三章"砖石工程"、第四章"混凝土及钢筋混凝土工程"、第五章"金属构件制作及钢门窗"、第六章"构件运输及安装"、第七章"木门窗和木结构工程"、第八章"楼地面工程"、第九章"屋面防水及保温隔热"、第十章"建筑装饰工程"、第十一章"总体工程"、第十二章"耐酸腐蚀工程"、第十三章"脚手架工程"、第十四章"垂直运输"、第十五章"超高增加人工机械"、第十六章"附录"(附录一"混凝土及砂浆配合

比"和附录二"大型机械场外运输、安装、拆卸")。

1.4.4 2004 年《陕西省建筑、装饰工程消耗量定额》的基本内容

《陕西省建筑、装饰工程消耗量定额》中的每一章,都有说明、工程量计算规则、附表、定额项目和工作内容等组成。

1.说明

(1)本章所包含的各分部分项工程内容;

(2)本章定额项目所采用的主要材料的品种和规格;

(3)本章允许换算的项目内容及换算的方法,不允许换算的项目内容;

(4)使用本章定额的有关规定、名词界定以及其他章节定额关系的说明。

2.工程量计算规则

各章工程量计算规则,规定了本章中各定额项目工程数量的计量单位、计量界线和计算方法,并且给出了计算时应扣除或不扣除的内容和界线。工程量计算规则是正确计算各分部工程工程量的统一尺度,必须遵守。

3.附表、附录

各章都不同程度有附表和附录,附表的作用主要有简化工程量计算和换算定额的作用。比如基础大放脚的折加高度计算表就省去了精确计算基础工程量的作用。当实际使用材料与定额不符时,即可根据附表或者附录换算定额消耗量。

4.定额项目表

各定额项目表由定额编号、项目名称、项目单位、人工、各种材料(分品种、规格,按一定计量单位给出)和机械台班消耗数量等组成。

5.工作内容

在定额中用来说明本章主要分部工程所包含的各工序的具体操作过程和工作,次要工序虽未逐一说明,但定额中均已作了必要考虑。工作内容是正确划分项目的基本依据。

1.4.5 2004 年《陕西省建筑、装饰工程消耗量定额》的使用规定

一个总承包项目往往由若干个单项工程、单位工程组成,为确定工程造价往往要使用不同专业的定额。因此,正确划分工程范围、正确使用相关专业定额及费用标准意义重大。

(1)建筑工程与安装工程定额的划分:凡为安装工程施工创造条件的土石方工程、设备基础等土建工程,这些工程无论是否由安装企业承包或者施工,其工程造价均需按建筑工程消耗量定额的有关规定编制,不能按照安装工程编写。

(2)建筑工程与市政工程定额的划分:凡属于城市、村镇范围内的,建筑红线以外的公共道路、桥梁、给排水、河道疏通等新建、扩建,一律归属市政工程,均应执行市政工程定额。建筑红线以内的新建、扩建的一般工业与民用建筑、构筑物、总体工程,属于建筑工程的,应执行建筑工程定额。如遇定额中缺项,可以使用市政工程预算定额中的相应定额项目。

住宅区和厂区的给排水管道、阀门井箱以及接入市政管辖范围内的水表井箱为界,水表井箱连同水表井箱以外的管道及阀门井箱执行市政定额,水表井箱以内的管道及阀门井箱执行安装定额和相应的建筑工程定额。

住宅区和厂区的排水,以接入市政管辖范围内的排水检查井为界,接入管执行建筑、安装相应定额,与接入管相连的若干污水井、雨水井、化粪池执行建筑工程相应定额。

1.4.6 陕西省2009计价依据补充定额

配合2009计价依据,陕西省在2009年新编了《陕西省建筑、装饰工程消耗量定额》(2004)的补充定额和勘误:在2004年消耗量定额的基础上,修改原消耗量定额子目13个;勘误部分155处;重新编制了建筑面积计算规则;共补充159个定额子目;增加了部分定额调整和应用规定(比如熟石灰、预拌砂浆、清水模板等);重新确定了人工单价、材料单价、机械台班定额。

1.4.7 定额工程量相关知识

1.定额工程量的特点

定额工程量不同于清单工程量,定额工程量是根据定额工程量计算规则计算工程量的,而清单工程量是根据工程量清单计价规则来计算工程量的。

2.定额工程量与清单工程量的区别

(1)两个工程量是有区别的:清单工程量一般是形成工程实体的净量,不考虑施工工艺和方法所增加的量;而定额工程量不仅包括实体净量,还应考虑因施工水平下施工工艺和方法所增加的量(损耗率和操作工作面),一般情况下定额工程量略大于清单工程量。

例如基坑土方的清单工程量是基础垫层底面积乘以土方开挖深度。定额工程量除了包括清单工程量的内容还包括了工作面的体积和放坡增加的土方工程量。

(2)计量单位不同。清单工程量的计量单位均采用计价规则规定的基本单位,如 m、m^2、m^3、个、樘等;定额单位往往采用的是扩大后的计量单位,如 $100m^2$、$10m^3$ 等。

(3)编制人不同。清单工程量一般是发包人或者委托咨询、代理机构进行编制;而定额工程量是承、发包双方均要进行计算,发包人需要利用定额工程量进行组价,编制最高限价,承包人大多数也采用定额编制投标报价。

 复习思考题

1.不定项选择题

(1)《建设工程工程量清单计价规范》适用范围包括(　　)。

A.决策阶段的计价活动

B.建设工程实施阶段的计价活动

C.设计阶段的计价活动

D.建设工程发承包阶段的计价活动

(2)下列属于必须采用工程量清单计价的工程建设项目是(　　)工程。

A.全部使用国有资金投资

B.非国有资金投资

C.国有资金为辅

D.国有资金为主

(3)工程量清单应由(　　)承担编制任务。

A.具有资格的工程造价专业人员

B.具有编制能力的招标人

C.受其委托具有相应资质的工程造价咨询人

D.投标人编制

(4)投标报价应由(　　)编制。

A. 具有资格的工程造价专业人员

B. 具有编制能力的招标人

C. 受其委托具有相应资质的工程造价咨询人

D. 投标人编制

(5)下列属于工程量清单的编制依据的是(　　)。

A.《建设工程工程量清单计价规范》(GB 50500—2013)

B.《房屋建设与装饰工程工程量清单计价规范》(GB 50854—2013)

C. 企业定额

D.《通用安装工程工程量清单计价规范》(GB 50856—2013)

(6)某工程有独立设计的施工图纸和施工组织设计,但建成后不能独立发挥生产能力,此工程应属于(　　)。

　　A. 分部工程　　　　　B. 单项工程　　　　　C. 分项工程　　　　　D. 单位工程

(7)作为建设工程项目的组成部分,具有独立的设计文件,竣工后可以独立发挥生产能力或效益的一组配套齐全的工程项目是(　　)。

　　A. 分部工程　　　　　B. 单项工程　　　　　C. 分项工程　　　　　D. 单位工程

(8)一座食品加工厂属于(　　)。

　　A. 分部工程　　　　　B. 建设工程　　　　　C. 建设项目　　　　　D. 单位工程

(9)某中学实验楼的土建工程属于(　　)。

　　A. 单项工程　　　　　B. 分项工程　　　　　C. 建设项目　　　　　D. 单位工程

(10)下列属于按建设项目性质分类的是(　　)。

　　A. 基本建设项目　　　　　　　　　　B. 在建项目

　　C. 更新改造项目　　　　　　　　　　C. 竣工项目

(11)工程量清单,应由具有编制招标文件能力的(　　)进行编制。

A. 造价咨询企业

B. 招标人或受其委托具有相应资质的中介机构

C. 建设行政主管部门

D. 相应资质的中介机构

(12)下列属于工程量清单组成的是(　　)。

　　A. 分部分项工程量清单　　　　　　　B. 措施项目清单

　　C. 其他项目清单　　　　　　　　　　D. 建设单位配合项目清单

(13)规费是指政府和有关权力部门规定必须缴纳的费用。下列费用中(　　)属于规费的项目。

　　A. 税金　　　　　　　　　　　　　　B. 工会经费

　　C. 危险作业意外伤害保险　　　　　　D. 住房公积金

(14)分部分项工程量清单应包括(　　)。

　　A. 清单项目编码　　　　　　　　　　B. 特征描述

　　C. 项目名称　　　　　　　　　　　　D. 工程量计算规则　　　　　E. 计量单位

(15)工程量清单计价费用中的分部分项工程费包括(　　)。

A. 人工费、材料费、机械使用费

B. 人工费、材料费、机械使用费、管理费

C. 人工费、材料费、机械使用费、管理费、利润以及一定范围内的风险费

D. 人工费、材料费、机械使用费、管理费和利润

2. 名词解释

(1)措施项目；(2)项目编码；(3)项目特征；(4)暂列金额；(5)暂估价；(6)计日工；(7)发包人；(8)承包人；(9)索赔。

3. 简答题

(1)简述清单工程量和定额工程量的区别。

(2)简述清单计价和定额计价的主要区别。

(3)简述《建设工程工程量清单计价规范》(GB 50500—2013)术语中提及的合同类型，并分别解释其内容和含义。

项目 2 工程量清单编制

 项目描述

本项目详细介绍了《房屋建筑与装饰工程工程量计算规范》(GB 50854—2013)的内容及使用方法,以工程造价工作过程为导向明确了分部分项工程量清单、措施项目清单、其他项目清单、规费、税金项目清单的编制办法。

拟实现的教学目标

- 掌握《房屋建筑与装饰工程工程量计算规范》(GB 50854—2013)的使用方法;
- 掌握分部分项工程量清单的编制办法;
- 掌握单价措施项目和总价措施项目清单的编制办法;
- 掌握其他项目清单的编制办法;
- 掌握规费、税金项目清单的编制办法。

任务 2.1 工程量清单编制办法

2.1.1 概述

2013 年住建部共颁发了 9 个专业的工程量计算规范:《房屋建筑与装饰工程工程量计算规范》(GB 50854—2013),《仿古建筑工程工程量计算规范》(GB 50855—2013),《通用安装工程工程量清单计算规范》(GB 50856—2013),《市政府工程工程量计算规范》(GB 50857—2013),《园林绿化工程工程量计算规范》(GB 50858—2013),《矿山工程工程量计算规范》(GB 50859—2013),《构建物工程工程量计算规范》(GB 50860—2013),《城市轨道交通工程工程量计算规范》(GB 50861—2013),《爆破工程工程量计算规范》(GB 500862—2013)。

一般情况下,一个民用建筑或工业建筑(单项建筑),需要使用房屋建筑与装饰工程、通用安装工程等工程量计算规范。每个专业工程量计算规范主要包括总则、术语、工程计量、工程清单编制和附录等内容。附录按"附录 A、附录 B、附录 C……"划分,每个附录编号就是一个分部工程,包含若干个分项工程清单项目。每个分项工程清单项目包括项目编码、项目名称、项目特征、计量单位、工程量计算规则、工程内容六大要素。

附录是工程量计算规范的主要内容,在学习中重点是尽可能熟悉附录内容,尽可能使用附录内容,时间长了自然就会熟能生巧。

2.2.2 《房屋建筑与装饰工程工程量计算规范》使用方法

在工程招投标过程中,由招标人发布的工程量清单是重要的内容,工程量清单必须根据工程量计算规范编制,所以要掌握计量规范的使用方法。

1.熟悉工程量计算规范是造价人员的基本功

《房屋建筑与装饰工程工程量计算规范》(GB 50854—2013)的内容包括正文、附录、条文说明三部分。其中正文包括总则、术语、工程计量、工程量清单编制,共计 29 项条款,附录共有 17 个分部、557 个清单工程项目。

工程量计算规范的分项工程项目的划分与计价定额的分部工程项目的划分在范围上大部分都相同,少部分是不同的。计量规范的项目可以对应于一个计价定额项目,也可以对应几个计价定额项目,它们之间的工作内容不同,所以没有一一对应的关系。一定要重视这方面的区别,以便今后准确编制清单报价的综合单价。

《房屋建筑与装饰工程工程量计算规范》中的 557 个分项工程项目不是编制每个单位工程工程量清单都要使用,一般一个单位工程只需要选用其中的一百多个项目,就能完成一个单位工程的清单编制任务,但是,由于每个工程选用的项目是不相同的,所以每个造价员必须熟悉全部项目,这需要长期积累。有了熟悉全部项目的基本功才能成为一个合格的造价员。

2.根据拟建工程施工图,按照工程量计算规范的要求,列全分部分项清单项目是造价员的基本业务能力

拿到一套房屋施工图后,就需要根据工程计量规范,看看这个工程根据计量规范的项目划分,应该有多少分项工程项目。想一想:要正确将项目全部确定出来(简称"列项"),需要什么能力? 如何判断有无漏项? 如何判断是否重复列了项目?

那么解决这些问题的方法是什么呢? 其实要具备这种能力也不难,主要是要具备正确理解工程量计算规范中每个分项工程项目的项目特征、工作内容的能力。其重点是要在掌握建筑构造、施工工艺、建筑材料等知识的基础上全面了解计量规范附录中每个项目的"工作内容"。因为"工作内容"规定了一个项目的完整内容,划分了与其他项目的界限。

应该指出,掌握好"列项"的方法,需要在完成工程量清单编制或使用工程量清单的过程中不断积累经验,不可能编几个工程量清单报价就能完全掌握工程量计算规范的全部内容。

3.工程量清单项目的准确性是相对的

为什么说工程量清单项目的准确性是相对的呢? 主要是由以下几个方面的因素决定的:

第一,由于每一个房屋建筑工程的施工图是不同的,所以也造成了每个工程的分部分项工程清单项目也是不同的,没有一个固定的模板来套用,需要造价员确定和列出项目,但由于每个造价员的理解不同,业务能力不同,所以一个工程找多个造价员来编制工程量清单,编出的工程量清单不会完全相同,所以工程量项目的准确性是相对的。

第二,由于图纸的设计图深度不够,有些问题需要进一步确认或者需要造价员按照自己的理解处理,而每个造价员理解有差别,计算出的工程量有差别,所以工程清单的准确性是相对的。

"工程量清单的准确性是相对的"这一观点告诉我们,工程造价的工作成果不可能绝对准确,只能相对准确,这种相对性主要可以通过总的工程造价来判断,采用概率统计的方法来判断,假如同一工程由 100 个造价员计算工程造价,如果算出工程造价在 100 个造价平均值的 1% 的范围内,那么我们就可以判断工程造价的准确率是 99%。

4.工程量清单项目的权威性是绝对的

虽然工程量清单项目不能绝对准确,但是工程量清单的权威性是绝对的。因为,当招标工程量清单发布后,投标人必须按照项目和数量进行报价,投标时发现数量错了也不能自己去改

变或更正,这一规定体现了招标工程量清单的权威性。

"统一性"是发布工程量清单的根本原因。即使投标前发现工程量清单有错误,那也要在投标截止前,发布修改后的清单工程量统一修改,或者在工程实施中按照清单计价规范"工程计量"的规定进行调整。

2.2.3 工程量清单编制内容

工程量清单编制的内容包括分部分项工程量清单、措施单价项目清单、措施总价项目清单、其他项目清单、规费和税金项目清单编制,其编制示意图见图 2-1。

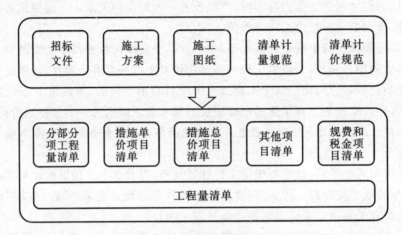

图 2-1 工程量清单编制示意图

从图 2-1 中可以看出,编制工程量清单的顺序是:分部分项工程量清单—措施单价项目清单—措施总价项目清单—其他项目清单—规费和税金项目清单。

分部分项工程量清单编制是根据招标文件、施工方案、施工图、清单计量规范、清单计价规范编制的。

例如:招标文件规定了玻璃幕墙是暂估工程,不计算清单项目;施工方案设计了现浇混凝土基础垫层要支模板,挖土方要计算工作面,土方工程量发生了变化;只有根据施工图才能计算出分部分项清单工程量;根据清单计量规范的项目,列出施工图中全部分部分项工程量,按计量规范的工程量计算规则计算工程量;根据清单计价规范的要求,确定了工程量清单由上述5个部分的内容构成。

例如,根据施工图、施工方案确定脚手架的工程量,依据施工图、清单计价规范和计量规范确定安全文明施工费总价项目和现浇混凝土模板单价项目的工程量。

例如,根据施工图和计价规范确定暂列金额和计日工等其他项目清单的数量。

例如,根据计价规范和计价文件确定规费和税金项目。

总之,通过不断编制工程量清单,我们就可以很好地掌握工程量清单的编制方法。

任务 2.2 分部分项工程量清单编制办法

分部分项工程量清单应列明拟建工程的全部实体分项工程项目名称、项目特征和相应数量。为了统一工程量清单项目编码、项目名称、项目特征的描述、计量单位和工程数量，在计价规则中，对工程量清单项目的编制做了明确的规定。编制时应避免漏项、错项等问题。

2.2.1 分部分项工程清单项目六大要素

1.项目编码

分项工程和措施清单项目的编码由 12 位阿拉伯数字组成。其中前 9 位由工程量计算规范确定，后 3 位由清单编制人确定。其中，第 1、2 位是专业工程编码，第 3、4 位是分章（分部工程）编码，第 5、6 位是分节编码，第 7、8、9 位是分项工程编码，第 10、11、12 位是工程量清单项目顺序编码。例如，工程量清单编码 010101001001 的含义如下：

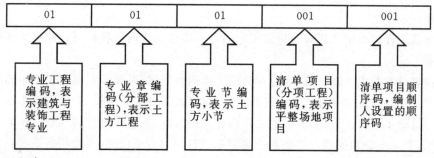

2.项目名称

项目名称栏目内列入了分项工程清单项目的简略名称。例如 010101001001 对应的项目名称是"平整场地"，并没有列出"Ⅱ类土壤类别平整场地"这样完整的项目名称，因为通过该项目的"项目特征"描述后，内容就很完整了。所以，我们在表述完整的清单项目名称时，就需要使用项目特征的内容来描述。

3.项目特征

项目特征是构成分项工程和措施清单项目自身的本质特征。这里的"价值"可以理解为每个分项工程和措施项目都在产品生产中起到不同的有效作用，即体现他们的有用性。"本质特征"是区分此分项目工程不同于彼分项工程不同事物的特性体现。所以项目特征是区分不同分项工程的判断标准，因此我们要准确地填写说明该项目本质特征的内容，为分项工程清单列项和准确计算综合单价服务。

4.计量单位

工程量计算规范规定，分项工程清单项目以 t、m、m²、m³、kg 等物理单位以及以个、件、根、组、系统等自然单位为计量单位。计价定额一般采用扩大了的计量单位，例如 10m³、100m²、100m 等。分项工程清单项目计量单位的特点是"一个计量单位"，没有扩大计量单位。也就是说，综合单价的计量单位按"一个计量单位"计算，没有扩大。其工程量的有效位数应遵守下列规定：以 t 计量单位的应保留小数点三位，第四位小数四舍五入；以 m³、m²、m 为计量单位的应保留小数点两位，第三位小数四舍五入；以个、座、樘、根、套、台、项等为单位，应取整数。

5. 工程量计算规则

工程量计算规则规范了清单工程量计算方法和计算结果。例如,内墙砖基础长度按内墙净长计算的工程量计算规则的规定就确定了内墙基础长度的计算方法;其内墙净长的规定,重复计算了与外墙砖基础放脚部分的砌体,也影响了砖基础实际工程的计算结果。

清单工程量计算规则的规定与计价定额的工程量计算规则是不完全相同的。例如,平整场地清单工程量的计算规则的规定是"按设计图示尺寸以建筑物首层建筑面积计算",某地区计价定额的平整场地工程量计算规则是"以建筑底面积每边放出 2 米计算面积",两者之间是有差别的。

需要指出,这两者之间的差别是由不同的角度考虑引起的。清单工程量计算规则的设置主要考虑在切合工程实际的情况下,方便准确地计算工程量,发挥其"清单工程量统一报价基础"的作用;而计价定额工程量计算规则是结合了工程施工的实际情况确定的,因为平整场地要为建筑物的定位放线作准备,要为挖有放坡的地槽土方作准备,所以在建筑物底面积基础上每边放出 2 米宽是合理的。

从以上例子可以看出,计价定额的计算规则考虑了采取施工措施的实际情况,而清单工程量计算规则没有考虑施工措施。

6. 工作内容

每个分项工程清单项目都有对应的工作内容。通过工作内容我们可以知道该项目需要完成哪些任务。

工作内容具有两大功能:一是通过对分项工程内容的解读,可以判断施工图中的清单项目是否列全了。例如,施工图中的"预制混凝土矩形柱"需要"制作、运输、安装",清单项目列几项呢?通过对该清单项目(010509001)的工作内容进行解读,知道了已经将"制作、运输、安装"合并为一项了,不需要分别列项。二是在编制清单项目的综合单价时,可以根据该项目的工作内容判断需要几个定额项目组合才能完整计算综合单价。例如,砖基础清单项目(010401001)的工作内容既包括砌砖基础还包括基础防潮层铺设,因此砖基础综合单价的计算要将砌砖和铺设基础防潮层组合在一个综合单价里。又如,如果计价定额的预制混凝土构件的"制作、运输、安装"分别是不同的定额,那么"预制混凝土矩形柱"(010509001)项目的综合单价就是要将计价定额预制混凝土构件的"制作、运输、安装"定额项目综合在一起。

2.2.2 《房屋建筑与装饰工程工程量计算规范》主要内容

房屋建筑与装饰工程计算规范主要内容已在项目 1 中的任务 1.2 中详细介绍,这里就不再赘述。

2.2.3 房屋建筑与装饰工程分部分项清单工程量项目列项

1. 分部分项清单工程量项目列项步骤

第一步,将常用的项目找出来,例如平整场地、挖地槽(挖)土方、现浇混凝土构件等项目。

第二步,将图纸上的内容对应计量规范附录的项目,一一对应出来。

第三步,施工图上的内容与计量规范附录对应时,拿不准的项目,查看计量规范附录后再敲定。例如,砖基础清单项目的工作内容除了包括防潮层外,还包不包括混凝土基础垫层?经过查看砖基础清单项目的工作内容不包括混凝土基础垫层,于是将砖基础作为一个项目,混凝土基础垫层作为另一个清单项目。

第四步,列项工作基本完成后,还要将施工图全部翻开,一张一张地在图纸上复核,列了项目的画勾,仔细检查,发现"漏网"的项目,赶紧补上,确保项目的完整性。

2.采用列项表完成列项工作

采用列项表的好处是规范,可以将较完整的信息填在表内。分部分项工程量清单列表见表2-1。

表2-1 分部分项工程量清单列项表

序号	清单编码	项目名称	项目特征	计量单位
1	010401001001	砖基础	1.砖品种、规格、强度等级:MU7.5标准砖240×115×53 2.基础类型:带形 3.砂浆强度等级:M5水泥砂浆 4.防潮层材料种类:1:2水泥砂浆	m³
2	⋯⋯	⋯⋯	⋯⋯	⋯⋯

2.2.4 统筹法编制工程量清单

1.统筹法计算工程量的基本原理

一个单位工程是由几十个甚至上百个分项工程组成的。在计算工程量时,无论按哪种计算顺序,都难以充分利用项目之间数据的内在联系及时地编出预算,而且还会出现重算、漏算和错算现象。

运用统筹法计算工程量,就是分析工程量计算中各分项工程量计算之间的固有规律和相互之间的依赖关系,运用统筹法原理和统筹图图解来合理安排工程量的计算程序,以达到节约时间、简化计算、提高工效、为及时准确地编制工程预算提供科学数据的目的。

根据统筹法原理,对工程量计算过程进行分析,可以看出各分项工程量之间,既有各自的特点,也存在着内在联系。例如:在计算工程量时,挖地槽体积为墙长乘地槽横断面面积,基础垫层是按墙长乘垫层断面面积,基础砌筑是按墙长乘基础断面面积,墙基防潮层是用墙长乘基础宽度,混凝土地圈梁是墙长乘圈梁断面积。在这六个分项工程中,都要用到墙体长度。外墙计算外墙中心线,内墙计算净长线。又如:平整场地为建筑物底层建筑面积每边各加2m,地面面层和找平层为建筑物底层建筑面积减去墙基防潮层面积,在这三个分项工程中,底层建筑面积是其工程量计算的共同依据。再如:外墙勾缝、外墙抹灰、散水、勒脚等分项工程量的计算,都与外墙外边线长度有关。虽然这些分项工程工程量的计算各有其不同的特点,但都离不开墙体长度和建筑物的面积。这里的"线"和"面"是许多分项工程计算的基数,它们在整个工程量计算中反复多次运用,找出了这个共性因素,再根据预算定额的工程量计算规则,运用统筹法的原理进行仔细分析,统筹安排计算程序和方法,省略重复计算过程,从而快速、准确地完成工程量计算工作。

2.统筹法计算工程量的基本要点

运用统筹法计算工程量的基本要点是"统筹程序,合理安排;利用基数,连续计算;一次算出,多次使用;结合实际,灵活机动"。

(1)统筹程序,合理安排。

工程量计算程序的安排是否合理,关系着预算工作的效率高低、进度快慢。按施工顺序或定额顺序计算工程量,往往不能充分利用数据间的内在联系而形成重复计算,浪费时间和精力,有时还易出现计算差错。

例如,某室内地面有地面垫层、找平层及地面面层三道工序,如按施工顺序或定额顺序计算则为:

①地面垫层体积＝长×宽×垫层厚(m^3);

②找平层面积＝长×宽(m^2);

③地面面层面积＝长×宽(m^2)。

这样,"长×宽"就要进行三次重复计算,没有抓住各分项工程量计算中的共性因素,而应按照统筹法原理,根据工程量自身计算规律,按先主后次统筹安排,把地面面层放在其他两项的前面,利用它得出的数据供其他工程项目使用。即:

①地面面层面积＝长×宽(m^2);

②找平层面积＝地面面层面积(m^2);

③地面垫层体积＝地面面层面积×垫层厚(m^3)。

按上面程序计算,抓住地面面层这道工序,"长×宽"只计算一次,还把后两道工序的工程量代算出来,且计算的数字结果相同,减少了重复计算。从这个简单的实例中,说明了统筹程序的意义。

(2)利用基数,连续计算。

就是以"线"或"面"为基数,利用连乘或加减,算出与它有关的分项工程量。基数就是"线"和"面"的长度和面积。

"线"是某一建筑物平面图中所示的外墙中心线、外墙外边线和内墙净长线。根据分项工程量的不同需要,分别以这三条线为基数进行计算。

①外墙外边线:用 $L_{外}$ 表示,$L_{外}$＝建筑物平面图的外围周长之和。

②外墙中心线:用 $L_{中}$ 表示,$L_{中}$＝$L_{外}$—外墙厚×4。

③内墙净长线:用 $L_{内}$ 表示,$L_{内}$＝建筑平面图中所有的内墙长度之和。

与"线"有关的项目有:

$L_{中}$:外墙基挖地槽、外墙基础垫层、外墙基础砌筑、外墙墙基防潮层、外墙圈梁、外墙墙身砌筑等分项工程。

$L_{外}$:平整场地、勒脚、腰线、外墙勾缝、外墙抹灰、散水等分项工程。

$L_{内}$:内墙基挖地槽、内墙基础垫层、内墙基础砌筑、内墙基础防潮层、内墙圈梁、内墙墙身砌筑、内墙抹灰等分项工程。

"面"是指某一建筑物的底层建筑面积,用 $S_{底}$ 或 S_1 表示。

$$S_{底}＝建筑物底层平面图勒脚以上外围水平投影面积$$

与"面"有关的计算项目有平整场地、天棚抹灰、楼地面及屋面等分项工程。

一般工业与民用建筑工程,都可在这三条"线"和一个"面"的基础上,连续计算出它的工程量。也就是说,把这三条"线"和一个"面"先计算好,作为基数,然后利用这些基数再计算与它们有关的分项工程量。

（3）一次算出，多次使用。

在工程量计算过程中，往往有一些不能用"线"和"面"基数进行连续计算的项目，如木门窗、屋架、钢筋混凝土预制标准构件等，事先将常用数据一次算出，汇编成土建工程量计算手册（即"册"）；也要把那些规律较明显的如槽、沟断面、砖基础大放脚断面等，都预先一次算出，也编入册。当需计算有关的工程量时，只要查手册就可很快算出所需要的工程量。这样可以减少那种按图逐项地进行烦琐而重复的计算，亦能保证计算的及时性与准确性。

（4）结合实际，灵活机动。

用"线""面""册"计算工程量，是一般常用的工程量基本计算方法，实践证明，在一般工程上完全可以利用。但在特殊工程上，由于基础断面、墙厚、砂浆标号和各楼层的面积不同，就不能完全用"线"或"面"的一个数作为基数，而必须结合实际灵活地计算。

①分段计算法。

当基础断面不同，在计算基础工程量时，就应分段计算。

②分层计算法。

如遇多层建筑物，各楼层的建筑面积或砌体砂浆标号不同时，均可分层计算。

③补加计算法。

即在同一分项工程中，遇到局部外形尺寸或结构不同时，为便于利用基数进行计算，可先将其看作相同条件计算，然后再加上多出部分的工程量。如基础深度不同的内外墙基础、宽度不同的散水等工程。

假设前后墙散水宽度 1.20m，两山墙散水宽 0.80m，那么应先按 0.80m 计算，再将前后墙 0.40m 散水宽度进行补加。

④补减计算法。

补减计算法与补加计算法相似，只是在原计算结果上减去局部不同部分工程量。如在楼地面工程中，各层楼面除每层盥厕间为水磨石面层外，其余均为水泥砂浆面层，则可先按各楼层均为水泥砂浆面层计算，然后补减盥厕间的水磨石地面工程量。

3.统筹图的编制

运用统筹法计算工程量，首先要根据统筹法原理、预算定额和工程量计算规则，设计出"计算工程量程序统筹图"（以下简称统筹图）。统筹图以"三线一面"作为基数，连续计算与之有共性关系的分项工程量，而与基数无共性关系的分项工程量则用"册"或图示尺寸进行计算。利用统筹图可全面了解工程量的计算及各项目间相互依赖的关系，有利于合理安排计算工作。

统筹图一般应由各地区主管部门，根据本地区现行预算定额工程量计算规则统一设计，统一编制，明文下达，以便于施工、设计及建设单位、建设银行共同使用。

（1）统筹图的主要内容。

统筹图主要由计算工程量的主次程序线、基数、分项工程量计算式及计算单位组成。主要程序线是指在"线"和"面"基数上连续计算项目的线，次要程序线是指在分项项目上连续计算的线，如图 2-2 所示。

		11 余土外运(m³) 1−10−51−50×系数	24 间壁墙(m³) 间壁长×高−洞口	36 余土外运(m³) 31−35−51			63 带女儿墙屋面防水层(m³) 61+($L_{中}$−女儿墙厚×4)×0.25
		10 地槽回填土(m³) 1−Σ基础体积及垫层(室外地坪以下部分)	23 内墙勾缝(m³) 同 29	35 地槽回填土(m³) 31−基础体积及垫层(室外地坪下部分)	42 外墙勾缝(m³) $L_{外}$×勾缝高−Ⅰ−其他抹灰面	51 地面填土(m³) 47×填土厚	62 带女儿墙屋顶保温厚×4)×0.25
		9 女儿墙体积(m³) $L_{中}$×墙高×墙厚−Ⅱ	22 内墙脚手架(m²) $L_{内}$×墙高×Z		41 外墙脚手架(m²) $L_{外}$×砌筑高	50 地面灰土(m³) 47×灰土厚	61 带女儿墙屋顶保温层上找平(m²) $F_{屋}$−$L_{中}$×女儿墙厚
	4 基础体积(m³) $L_{中}$×断面面积	8 外墙体积(m³) ($L_{中}$×层高×Z−D×墙厚−Ⅱ+山尖	21 内墙体积(m³) ($L_{内}$×墙高×Z−D×墙厚−Ⅱ+山尖	34 基础体积(m³) ($L_{内轴}$−两侧基础宽/2)×基础断面积	40 圈梁腰面面层(m²) $L_{外}$×腰面高×道	49 地面垫层(m³) 地面隔热层(m³) 47×层厚 47×层厚	60 平屋面找平层(m²) $F_{屋}$+41
	3 基础垫层(m³) $L_{中}$×断面面积	7 捣制砼圈梁(m³) 模板(m²) $L_{中}$×断面面积 $L_{中}$×高×2	20 捣制砼圈梁(m³) 模板(m²) $L_{内}$×断面面积 $L_{内}$×高×2	33 基础垫层(m³) ($L_{内轴}$−两侧垫层宽/2)×垫层断面积	39 腰线面层(m²) ($L_{外}$−洞口)×展宽×道	48 地面防潮层 同 47	59 瓦屋面(m²) ($F_{屋}$+外挑)×系数
	2 槽底夯实(m²) $L_{中}$×槽底宽	6 捣制砼地梁(m³) 模板(m²) $L_{中}$×断面面积 $L_{中}$×高×2	19 捣制砼地梁(m³) 模板(m²) $L_{内}$×断面面积 $L_{内}$×高×2	32 槽底夯实(m²) ($L_{内轴}$−两侧基底宽/2)×基底宽	38 散水(m²) ($L_{外}$+坡宽×4−台阶)×坡宽	47 地面面层(m²) 地面找平层(m²) $F_{净}$ $F_{净}$	58 龙骨吊顶(m²) 47+52
Ⅱ 墙体内埋件表图示量	1 地槽挖土(m³) $L_{中}$×地槽断面	5 基础防潮层(m²) $L_{中}$×潮宽	18 基础防潮层(m²) $L_{内}$×潮宽	31 地槽挖土(m³) ($L_{内轴}$−两侧基底宽/2)×地槽断面积	37 砼天沟挑檐面层(m²) ($L_{外}$+檐宽×4)×檐宽	Ⅸ $F_{净}$:底层净面积(m²) ($L_{中}$×墙厚−$L_{内}$×墙厚)	57 满堂脚手架(m²) 47+53
Y 设计资料熟悉图纸 Ⅰ 门窗表图示量	Ⅲ $L_{中}$:外墙中心线(m) 图示尺寸	Ⅳ $L_{外内}$:外墙内净长线(m) $L_{中}$−外墙厚×4−墙厚×道	Ⅴ $L_{内}$:内墙净长线(m) (图示尺寸)	Ⅵ $L_{内轴}$:内墙轴线长(m)(图示尺寸) $L_{内}$+两端 1/2 墙厚	Ⅶ $L_{外}$:外墙外边线(m) 图示尺寸或 $L_{中}$+墙厚×4	Ⅷ F:底层建筑面积(m²) 图示尺寸	Ⅹ $F_{屋}$:底层建筑面积(m²) 图示尺寸
		12 墙身防潮层(m²) $L_{外内}$×潮高	25 墙身防潮层(m²) $L_{内}$×潮高×2			46 场地平整(m²) F+2×$L_{外}$+16	Ⅺ $F_{楼净}$:底层净面积(m²) $L_{中}$×墙厚−$L_{内}$×墙厚
Ⅻ 面、线外项目按图计		13 顶棚装饰线(m) $L_{外内}$	26 顶棚装饰线(m) ($L_{内}$+梁长)×2				52 楼面面层(m²) $F_{净楼}$
ⅫⅠ 其他项目按图或有关资料计算		14 踢脚线(m) 同 13	27 踢脚线(m) $L_{内}$×2		43 勒脚(m²) ($L_{外}$−洞口)×勒脚高		53 楼地面找平层、防潮层(m²) 同 52
ⅫⅡ 完成计算		15 内墙裙(m²) ($L_{外内}$−洞口)×裙高	28 内墙裙(m²) ($L_{内}$−洞口)×裙高×2		44 外墙裙(m²) ($L_{外}$−洞口)×裙高		54 楼地面垫层、隔热层(m³) 52×层厚
W 汇总、复核整理		16 外墙内面面层(m²) $L_{外内}$×(层净高−内墙裙)×Z−Ⅰ+山尖面	29 内墙层面(m²) [$L_{内}$×(层净高−内墙裙)×Z−Ⅰ]×2+山尖面		45 外墙面层(m²) $L_{外}$×面层高−Ⅰ+山尖面		55 板下勾缝(m²) 47+52
Z 表示建筑层数		17 外墙内面刷浆(m²) 同 16	30 内墙刷浆(m²) 同 29				56 板下抹灰及刷胶(m²) 47+52+梁侧

图 2-2 工程量计算统筹图

(2)计算程序的统筹安排。

统筹图的计算程序安排是根据下述原则考虑的：

①共性合在一起、个性分别处理。

分项工程量计算程序的安排，是根据分项工程之间共性与个性的关系，采取共性合在一起、个性分别处理的办法。共性合在一起，就是把与墙的长度包括外墙外边线、外墙中心线、内墙净长线有关的计算项目，分别纳入各自系统中；把与建筑面积有关的计算项目，分别归于建筑物底层面积和分层面积系统中；把与墙长或建筑面积这些基数串不起来的计算项目，如楼梯、阳台、门窗、台阶等，则按其个性分别处理，或利用"工程量计算手册"，或另行单独计算。

②先主后次，统筹安排。

用统筹法计算各分项工程量是从"线"和"面"基数的计算开始的。计算顺序必须本着先主后次原则统筹安排，才能达到连续计算的目的。先算的项目要为后算的项目创造条件，后算的项目就能在先算的基础上简化计算。有些项目只与基数有关系，与其他项目之间没有关系，先算后算均可，前后之间要参照定额程序安排，以方便计算。

③独立项目单独处理。

预制混凝土构件、钢窗或木门窗、金属或木构件、钢筋用量、台阶、楼梯、地沟等独立项目的工程量计算，与墙的长度、建筑面积没有关系，不能合在一起，也不能用"线"和"面"基数计算时，需要单独处理，可采用预先编制"手册"的方法解决，只要查阅"手册"即可得出所需要的各项工程量。或者利用前面所说的按表格形式填写计算的方法，与"线"和"面"基数没有关系又不能预先编入"手册"的项目，按图示尺寸分别计算。

4. 统筹法计算工程量的步骤

用统筹法计算工程量大体上可分为五个步骤，如图 2-3 所示。

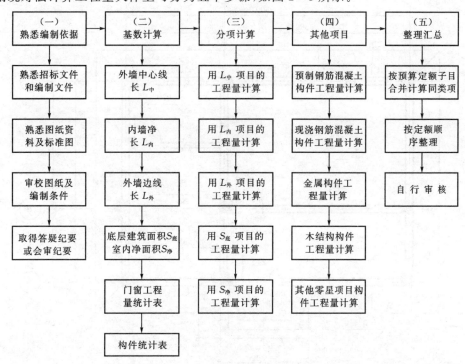

图 2-3　统筹法计算工程量步骤

2.2.5 分部分项工程量清单编制程序及实例

1. 工程量清单编制程序

工程量清单编制程序,如图 2-4 所示。

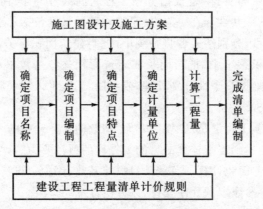

图 2-4 工程量清单编制程序

2. 分部分项工程清单编制实例

【**例 2-1**】按给定条件及附图(见图 2-5 至图 2-8),完成工程量清单编制工作。依据 2009 年《陕西省建设工程工程量清单计价规则》规定,补充完成表中所列项目的工程量清单,见表 2-2。即完成项目编码、项目名称(描述该项目的实质性特征和与工程价值有关的内容)、计量单位、工程数量等工作。

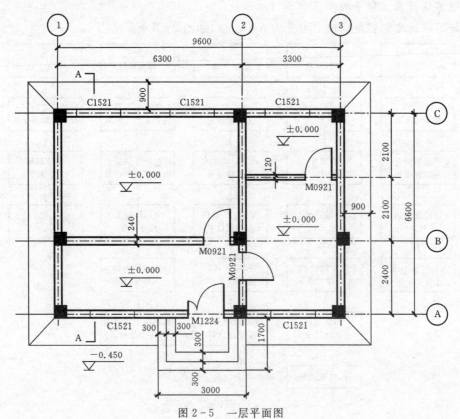

图 2-5 一层平面图

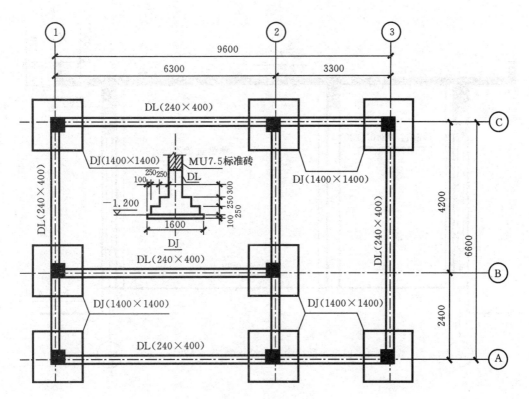

图 2-6 基础平面图

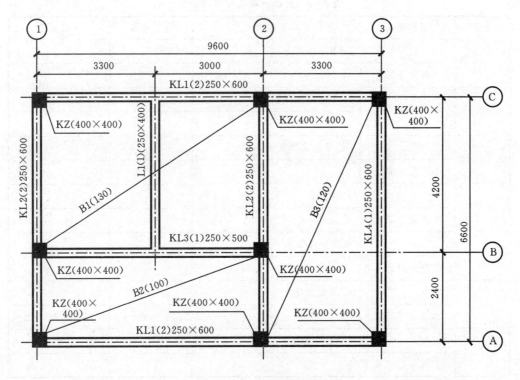

图 2-7 屋面结构平面图

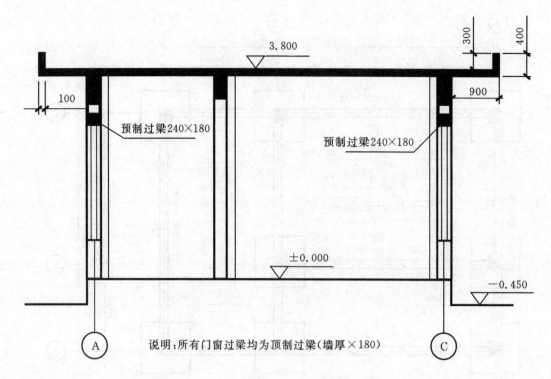

说明：所有门窗过梁均为顶制过梁(墙厚×180)

图 2-8   A-A 剖面

表 2-2   分部分项工程量清单表

序号	项目编码	项目名称	计量单位	工程数量
1		J-1 基础挖土		
	工程量计算式			
2		J-1 基础混凝土		
	工程量计算式			
3		DL 基础梁混凝土		
	工程量计算式			
4		一砖外墙		
	工程量计算式			
5		框架柱混凝土		
	工程量计算式			
6		KL2 梁混凝土		
	工程量计算式			
7		L-1 梁混凝土		
	工程量计算式			

序号	项目编码	项目名称	计量单位	工程数量
8		B-1平板		
	工程量计算式			
9		B-2板砼		
	工程量计算式			
10		M-2木门		
	工程量计算式			
11		地面		
	工程量计算式			

给定条件：

(1)土壤类别为二类土,地下水位在距地面5m以下,现场有堆放土方点,土方现场堆放50米以内,回填土取土距离为坑边。

(2)±0.00以下采用MU10标准机制红砖、M10水泥砂浆砌筑;±0.00以上采用非承重多孔砖,规格240mm×240mm×115mm,M7.5混合砂浆砌筑;②—③与B—C之间的砖墙厚为120mm,其余图中未注明的墙厚均为240mm。

(3)现浇混凝土等级:基础垫层为C15砾石混凝土,梁柱为C25砾石混凝土,其余均为C20砾石混凝土。门窗过梁不考虑。框架柱断面400mm×400mm,只计算B-1梁钢筋,其余的钢筋已经给出不考虑。混凝土均为现场搅拌,采用水泥和石子同《陕西建筑工程2009价目表》4-1子目(即水泥32.5、1~3cm砾石)。

(4)地面及台阶做法:素土回填、150mm厚3:7灰土、60mm厚C15混凝土垫层、素水泥浆(掺建筑胶)一道、20mm厚1:3水泥砂浆结合层、5mm厚1:2.5水泥砂浆黏接层、铺10mm厚600mm×600mm地砖。

散水做法:150mm厚3:7灰土垫层,宽度为1200mm,60mm厚C15混凝土加浆一次抹光。

(5)屋面做法:1:6水泥焦渣找坡最薄处30mm厚(平均厚度为80mm)、90mm厚憎水膨胀珍珠岩板、20mm厚1:2.5水泥砂浆找平、涂刷基础处理剂,氯化聚乙烯防水卷材一道上卷300mm,20mm厚1:3水泥砂浆保护层。

(6)外墙面做法:12mm厚1:3水泥砂浆打底、8mm厚1:2.5水泥砂浆扫平、喷(刷)外墙丙烯酸涂料。

挑檐栏板外立面:刷素水泥浆一道(内掺建筑胶)、14mm厚1:3水泥砂浆打底、6mm厚1:2.5水泥砂浆扫平、喷(刷)外墙丙烯酸涂料。

(7)天棚做法:素水泥浆一道(内掺建筑胶)、5mm厚1:0.3:3水泥石灰砂浆打底、5mm厚1:0.3:2.5水泥石灰砂浆抹面、满刮防水腻子一遍、刷乳胶漆两遍。

(8)内墙面做法。

①砖墙面:10mm厚1:1:6水泥石灰膏砂浆打底,6mm厚1:0.3:2.5水泥石灰膏砂浆抹面,满刮防水腻子一遍、刷乳胶漆两遍。

②混凝土墙面:刷素水泥浆一道(内掺建筑胶)、10mm 厚 1∶1∶6 水泥石灰膏砂浆打底、6mm 厚 1∶0.3∶2.5 水泥石灰膏砂浆抹面、满刮腻子一遍、刷乳胶漆两遍。

(9)门窗表如表 2-3 所示。

表 2-3　门窗表

名称	洞口尺寸	数量	类别
C-1	1500×2100	5	铝合金推拉窗、带纱窗
M-1	1200×2400	1	铝合金地弹门
M-2	900×2100	3	成品实木门

木门为市场购买成品,单价为 180 元/m²;木材面油漆按底油一道、调合漆两道。不考虑门锁。

(10)所有轴线都为距 240 墙中,即距外墙皮 120mm(框架柱为偏轴线,距柱边分别为 120mm 和 280mm)。

【解】查询清单计价规则,选取清单项目及补充工程量清单如表 2-4 所示。

表 2-4　某工程分部分项工程量清单表

基础数据	$S_底=(9.6+0.24)\times(6.6+0.24)=67.31(m^2)$ $S_净=67.31-(32.4+12.42)\times0.24=56.55(m^2)$ $L_中=(9.6+6.6)\times2=32.4(m)$ $L_外=L_中+0.24\times4=33.36(m)$ $L_内=6.3-0.24+6.6-0.24=12.42(m)$			

序号	项目编码	项目名称	计量单位	工程数量
1	010101004001	挖基坑土方 1.土壤类别:二类土 2.挖土深度:1.05m 3.弃土运距:50m	m³	21.50
	工程量计算式	$(1.6\times1.6)\times1.05\times8$		
2	010501003001	独立基础 1.混凝土种类:商品混凝土 2.混凝土强度等级:C20 砾石混凝土	m³	5.54
	工程量计算式	$[(1.4-0.25\times2)^2\times0.25+1.4\times1.4\times0.25]\times8$		
3	010503001001	基础梁 1.混凝土种类:商品混凝土 2.混凝土强度等级:C25 砾石混凝土	m³	3.96
	工程量计算式	$(33.36-0.4\times3-0.28\times8+11.38)\times0.24\times0.4$		

序号	项目编码	项目名称	计量单位	工程数量
4	010401004001	多孔砖墙 1.砖品种、规格、强度等级:非承重多孔砖,规格 240mm×240mm×115mm 2.墙体类型:填充墙 3.砂浆强度等级:M7.5 混合砂浆砌筑	m³	17.90
	工程量计算式	$S_{门窗外}=1.5×2.1×5+1.2×2.4×1=18.63$ $\{(6.6+0.24-0.4×3)×(3.8-0.5)+[(6.6+0.24)+(9.6+0.24)×2-0.4×8]×(3.8-0.6)-18.63\}×0.24$		
5	010502001001	矩形柱 1.混凝土种类:商品混凝土 2.混凝土强度等级:C25 砾石混凝土	m³	6.02
	工程量计算式	$0.4×0.4×(3.8+1.4-0.5)×8$		
6	010503002001	矩形梁(KL2) 1.混凝土种类:商品混凝土 2.混凝土强度等级:C25 砾石混凝土	m³	1.41
	工程量计算式	$(6.6+0.24-0.4×3)×2×0.25×0.5$		
7	010505001001	有梁板(L1) 1.混凝土种类:商品混凝土 2.混凝土强度等级:C25 砾石混凝土	m³	0.39
	工程量计算式	$(4.2+0.24-0.25×2)×0.25×0.4$		
8	010505003001	平板(B2) 1.混凝土种类:商品混凝土 2.混凝土强度等级:C20 砾石混凝土	m³	1.30
	工程量计算式	$(6.3+0.24-0.25×2)×(2.4-0.25)×0.1$		
9	010505001002	有梁板(B1) 1.混凝土种类:商品混凝土 2.混凝土强度等级:C20 砾石混凝土	m³	2.97
	工程量计算式	$[(4.2+0.24-0.25×2)×(6.3+0.24-0.25×2-0.25)]×0.13$		

序号	项目编码	项目名称	计量单位	工程数量
10	010801001001	木质门 1.门代号及洞口尺寸:M2 2.洞口 900mm×2100mm	樘	3
	工程量计算式	1×3		
11	011102003001	块料楼地面 1.找平层:150mm 厚 3：7 灰土、60mm 厚 C15 混凝土垫层 2.结合层:素水泥浆(掺建筑胶)一道、20mm 厚 1：3 水泥砂浆结合层 3.面层:5mm 厚 1：2.5 水泥砂浆黏接层、铺 10mm 厚 600mm×600mm 地砖	m²	57.87
	工程量计算式	56.55＋(3－0.3×6)×(1.7－0.3×3)		

【例 2-2】根据现行《建设工程工程量清单计价规范》《房屋建筑与装饰工程工程量计算规范》计算图 2-9 中内墙、散水、窗的清单工程量。给定条件:框架柱截面尺寸 400mm×400mm;墙体采用 MU7.5 黏土多孔砖尺寸 115mm×115mm×90mm,用 M5 混合砂浆砌筑,原浆勾缝,墙高均为 3.6m;窗为塑钢窗,散水为 60 厚 C10 混凝土浇筑,外坡 5％,下铺 300 厚 3：7 灰土垫层宽出散水 300mm。

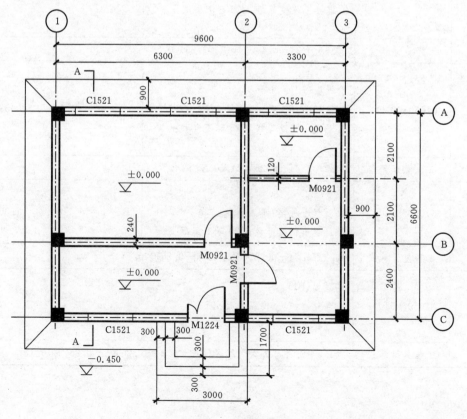

图 2-9 一层平面图

【解】查询清单计价规则,选取清单项目如表2-5所示。

表2-5　某工程分部分项工程量清单表

序号	项目编码	项目名称	项目特征	计量单位	工程数量
1	010401004001	多孔砖墙	1.砖品种、规格、强度等级:MU7.5黏土多孔砖115×115×90 2.墙体类型:240mm内墙 3.砂浆强度等级、配合比:M5混合砂浆	m³	8.92
	计算式	[(6.3+6.6−0.28×4−0.4)×3.6−0.9×2.1×2]×0.24=8.92			
2	010401004002	多孔砖墙	1.砖品种、规格、强度等级:MU7.5黏土多孔砖115×115×90 2.墙体类型:120mm内墙 3.砂浆强度等级、配合比:M5混合砂浆	m³	1.05
	计算式	[(3.3−0.24)×3.6−0.9×2.1]×0.115=1.05			
3	010507001001	散水	1.垫层材料种类、厚度:300厚3:7灰土 2.面层厚度:60厚 3.混凝土种类:商品混凝土 4.混凝土强度等级:C10	m²	30.56
	计算式	[(9.84+6.84)×2−3]×0.9+0.9×0.9×4=30.56			
4	010807001001	塑钢窗	1.窗代号及洞口尺寸:C1521,1.5×2.1 2.框、扇材质:塑钢	樘	5
	计算式	1×5=5			

任务2.3　措施项目清单编制办法

2.3.1　措施项目清单

措施项目是指有助于形成工程实体而不构成工程实体的项目。

措施项目清单包括"单价项目"和"总价项目"两类。由于措施项目清单项目除了执行"××专业工程量计算规范"外,还要依据所在地区的措施项目细则确定。所以,措施项目的确定与计算方法具有较强的地区性,教学时应注意紧密结合本地区的有关规定学习和举例。例如,一些解释就是依据了某地区的措施项目细则规定。

措施项目清单的编制需考虑多种因素,除工程本身的因素外,还涉及水文、气象、环境、安全等因素,由于这些影响措施项目设置的因素太多,工程量计算规范不可能将施工中可能出现的措施项目一一列出,我们在编制措施项目清单时,因工程情况不同出现没有列出的措施项目,可以根据工程的具体情况对措施项目清单作必要的补充。

1. 单价措施项目

"单价项目"是指可以计算工程量,列出项目名称、项目特征、计量单位、工程量计算规则和工程内容的措施项目。例如,《房屋建筑与装饰工程工程量计算规范》附录 S 的措施项目中,"综合脚手架"措施项目的编码"011701001",项目特征包括"建筑结构形式和檐口高度",计量单位"m²",工程量计算规则为"按建筑面积计算",工程内容包括"场内、场外材料搬运,搭、拆脚手架"等。

2. 总价措施项目

"总价项目"是指不能计算工程量,仅列出项目编码、项目名称,未列出项目特征、计量单位、工程量计算规则的项目措施。例如,《房屋建筑与装饰工程工程量计算规范》附录 S 的措施项目中"安全文明施工"措施项目的编码为"011707001",工程内容及包含范围包括"环境保护、文明施工"等。

2.3.2 单价措施项目编制

单价措施项目主要包括"S1 脚手架工程""S2 混凝土模板及支架(撑)""S3 垂直运输""S4超高施工增加""S5 大型机械设备进出场及安拆""S6 施工排水、降水"等项目。

单价措施项目需要根据工程量计算规范的措施项目确定编码和项目名称,需要计算工程量,采用"分部分项工程和措施项目清单与计价表"发布单价措施项目清单。

1. 综合脚手架

"综合脚手架"是对应于"单项脚手架"的项目,是综合考虑了施工中需要脚手架的项目和包含了斜道、上料平台、安全网等工料机内容。

某地区工程造价主管部门规定:凡能够按照"建筑面的计算规范"计算建筑面积的建筑工程,均按综合脚手架项目计算脚手架摊销费,综合脚手架以综合砌筑、浇筑、吊装、抹灰、油漆、涂料等脚手架费用。某地区规定装饰脚手架需要另外单独计算。综合脚手架工程量按建筑面积计算。

2. 单项脚手架

单项脚手架是指分别按双排、单排、里脚手架立项,单独计算搭设工程量的项目。

某地区规定:凡不能按"建筑面积计算规范"计算建筑面积的建筑工程,但施工组织设计规定需搭设脚手架时,均按相应单项脚手架定额计算脚手架摊销费。单项脚手架综合计算。

3. 混凝土模板与支架

混凝土模板与支架是现浇混凝土构建的措施项目。该项目一般按模板的接触面积计算工程量。应该指出,准确计算模板接触面积,需要了解现浇混凝土构件的施工工艺和熟悉结构施工图的内容。

工程量计算规范规定,混凝土模板与支架措施项目是按工程量计算规范措施项目编码、项目名称、项目特征、计量单位、工程量计算规则、工作内容列项和计算的。

混凝土模板与支架工程量安装混凝土与模板接触面积以平方米计算。

4.垂直运输

一般情况下除了檐高 3.6m 以内的单层建筑物不计算垂直运输措施项目外,其他檐口高度的建筑物都要计算垂直运输费,因为这一规定是与计价定额配套的,计价定额的各个项目中没有包含垂直运输费用。

计价定额中的垂直运输包括单位工程在合理工期内完成所承包的全部工程项目所需的垂直运输机械费。

垂直运输一般按工程的建筑面积计算工程量,然后套用对应檐口高度的计价定额项目计算垂直运输费。如何计算檐口高度和如何套用计价定额应结合本地区的措施项目细则和计价定额确定。

5.超高施工增加费

一般情况下,各地区的计价定额只包含建筑高度 20m 以内或建筑物 6 层以内的施工费用,当建筑物高度超过这个范围需要计算超高施工增加费。

超高施工增加费的内容包括:建筑物超高引起的人工工效降低以及由于人工工效降低引起的机械降效、高层施工用水加压水泵的安装和拆除及工作台班、通信联络设备的使用及摊销费用。

建筑物超高施工增加费用根据建筑物的檐口高度套用对应的计价定额,按建筑物的建筑面积计算工程量。

6.大型机械设备进出场及安拆费

大型机械设备进出场及安拆费包括施工机械、设备在现场进行安装拆卸所需人工、材料、机械和试运转费用以及机械辅助设施的折旧、搭设、拆除等费用。进出场费包括施工机械、设备整体或分体自停放点运至施工现场或由一施工地点运至另外一施工地点所发生的运输、装卸、辅助材料等费用。

由于计价定额中只包含了中小型机械费,没有包括大型机械设备的使用费。所以施工组织设计要求使用大型机械设备时,按规定就要计算"大型机械设备进出场及安拆费"。这时该工程的大型机械设备的台班费不需另行计算,但原价假定额度的中小型机械费也不扣除,两者相互抵扣了。

当某工程发生大型机械设备进出场及安拆项目时,一般可能要根据计价定额的项目分别计算进场费、安拆费和大型机械基础费用项目。如果本工程施工结束后,机械要到下一个工地施工,那么将出场费作为下一个工地的进出场费计算,本工地不需要计算出场费。如果没有后续工地可以去,那么该机械要另外计一次拆卸费和出场费。

进场费、安拆费和大型机械基础费用项目按"台次"计算工程量。

7.施工排水、降水费

当施工地点的地下水位过高或地面积水影响正常施工时,需要采取降低水位满足施工的措施,从而发生供排水、降水费。

一般施工降水采用成井降水,排水会采用抽水排水。

成井降水一般包括:准备钻孔机械、埋设、钻机就位,泥浆制作、固壁,成孔、出渣、清孔,对接上下井管,焊接,安放,下滤料,洗井,连接试抽等发生的费用。

排水一般包括管道安装、拆除、场内搬运、抽水、值班、降水设备维修的费用。

当编制招标工程量清单时,施工排水、降水的专项设计不具备时,可按暂估量计算。工程量计算规范规定,"成井"降水工程量按米计算,排水工程量按"昼夜"单位计算。

2.3.3 总价措施项目编制

只有根据规定的费率和取费基础来算一笔总价的措施项目称为总价措施项目。

1.安全文明施工

安全文明施工费是承包人按照国家法律法规等规定在合同履行中为保证安全施工、文明施工,保护现场内外环境等所采用的措施发生的费用。

安全文明施工费应该按照国家或省级、行业建设主管部门的规定计算,不得作为竞争性费用。

安全文明施工费主要包括环境保护费、文明施工费、安全施工费、临时设施费等。主要内容有:环境保护项目包含现场施工机械设备降低噪音、防扰民措施等内容发生的费用;文明施工包含"五牌一图"、现场围挡的墙面美化、压顶装饰等内容发生的费用;安全施工包含安全资料、特殊作业专项方案的编制,安全施工标志的购置及安全宣传等内容发生的费用;临时设施包含施工现场临时建筑物、构筑物的搭设、维修、拆除或摊销等内容发生的费用。

安全文明施工费按基本费、现场评价费两部分计取。

(1)基本费。

基本费为承包人在施工过程中发生的安全文明措施的基本保障费用,根据工程所在位置分别执行工程在市区时,工程在县城、镇时,工程不在市区、县城、镇时三种标准。具体标准及使用说明按所在地区的规定进行。

(2)现场评价费。

现场评价费是指承包人执行有关安全文明施工规定,经住房城乡建设行政主管部门建筑施工安全监督管理机构依据《建筑施工安全检查标准》(JGJ 59—2011)和地区细则对施工现场承包人执行有关安全文明施工规定进行现场评价,并经安全文明施工费费率测定机构测定费率后获取的安全文明施工措施增加费。

现场评价费的最高费率同基本费的费率。建筑施工安全监督管理机构依据检查评价情况最终综合评价得分及等级。最终综合评价等级分为优良、合格、不合格三级。

建设工程安全文明施工费为不参与竞争的费用。在编制招标控制价时应足额计取,即安全文明施工费费率按基本费率加现场评价费最高费率(同基本费费率)计列,即:

$$环境保护费费率＝环境保护费基本费率×2$$

$$文明施工费费率＝文明施工基本费率×2$$

$$安全施工费费率＝安全施工基本费率×2$$

$$临时设施费费率＝临时设施基本费费率×2$$

安全文明施工费的取费基础基数可以是定额人工费、定额直接费等,具体计算方法由建设行政主管部门规定。

2.夜间施工

夜间施工措施项目包括:夜间固定照明灯具和临时可移动灯具的设置、拆除,夜间施工时施工现场交通标志、安全标牌、警示灯等的设置、移动、拆除,夜间照明设备摊销及照明用电、施工人员夜班补助、夜间施工劳动效率低等内容发生的费用。

夜间施工可以按工程的定额人工费或定额直接费为基数,乘以规定的费率计算。

3. 二次搬运

二次搬运措施项目是由于施工场地条件限制而发生的材料、成品、半成品等一次运输不能到达对方地点，必须进行二次或多次搬运的工作。

二次搬运费可以按工程的定额人工费或定额直接费为基数，乘以规定的费率计算。

4. 冬雨（风）期施工

冬、雨（风）期施工费措施项目包括：冬、雨（风）期施工时增加的临时设施（防寒保温、防雨、防风设施）的搭设、拆除，对砌体、混凝土等采用的特殊加温、保温和养护措施，施工现场的防滑处理、对影响施工的雨雪的清除，增加的临时设施的摊销，施工人员的劳动保护用品，冬、雨（风）期施工劳动效率降低等发生的费用。

任务 2.4　其他项目清单编制办法

其他项目清单包括暂列金额、暂估价、计日工、总承包服务费。

2.4.1　暂列金额

暂列金额是招标人在工程量清单中暂定并包括在合同价款中的一笔款项；用于施工合同签订时尚未确定或者不可预见的所需材料、设备、服务的采购，施工中可能发生的工程变更、合同约定调整因素出现时的工程价款调整以及发生的索赔、现场签证确认等的费用。

我国规定对政府投资工程实行概算管理，经项目审批部门批复的设计概算是工程投资控制的刚性指标。但工程建设自身的特性决定了工程的设计需要根据工程进展不断进行优化和调整，还有业主需求可能随工程建设进展而出现变化，以及工程建设过程还会存在一些不能预见、不能确定的因素。这势必出现合同价格调整。暂列金额正是因为这些不可避免的价格调整而设立的一笔价款，以便达到合同确定和有效控制工程造价的目的。

暂列金额应根据工程特点，按有关计价规定估算。暂列金额是属于招标人的，只有发生且经招标人同意后才能计入工程价款。

2.4.2　暂估价

暂估价是招标阶段直至签订合同协议时，招标人在招标文件中提供的用于支付必然要发生但暂时不能确定价格的材料以及专业工程的金额。暂估价包括材料暂估单价、工程设备暂估单价、专业工程暂估价。

为了方便合同管理，需要纳入分部分项工程项目清单，综合单价中只能是材料、工程设备的暂估价，以方便投标人组价。

暂估价中的材料、工程设备暂估价应该根据工程造价信息或者参照市场价格估算。

专业工程暂估价应是综合暂估价，包括除规费、税金以外的管理和利润。当总承包招标时，有效专业工程的设计深度往往不够，需要交由专业设计人员进一步设计。

专业工程暂估价应分不同专业，按有关计价规定估算。如果只有初步的设计文件，可以采用估算的方法确定专业工程暂估价。如果有施工图或者扩大初步设计图纸，可以采用概算的方法编制专业工程暂估价。

专业工程完成设计后应通过施工总承包人与工程建设项目招标人共同组织招标，以确定中标人。

2.4.3 计日工

计日工是指在施工过程中,完成发包人提出的施工图纸以外的零星项目或工作,按合同中约定的综合单价计价的一种方式。

计日工是为了解决现场发生的零星工作的计价而设立的,对完成零星工作所消耗的人工工日、材料品种与数量、施工机械台班进行计量,并按照计日工表中填报适用项目的单价进行计价和支付。

计日工适用的所谓零星工作一般是指合同约定以外或者因变更而产生的工程量清单中没有相应项目的额外工作,尤其是那些不允许事先商定的额外工作。

2.4.4 总承包服务费

总承包服务费是为了解决招标人在法律、法规允许的条件下进行专业工程发包以及自行供应材料、工程设备,并需要总承包人对发包专业工程提供协调和配合服务,对甲供材料、工程设备提供收、发和保管服务以及进行现场管理时发生并向总承包人支付的费用。为配合协调发包人进行的专业工程分包,发包人自行采购的设备、材料等进行保管以及施工现场管理、竣工资料汇总整理等服务所需的费用应列入总承包服务费。

总承包服务费在投标人报价时根据有关规定计算。

任务 2.5 规费、税金项目清单编制办法

2.5.1 规费、税金项目清单内容

1. 规费

规费是根据国家法律、法规规定,由省级政府或省级有关权力部门规定必须缴纳的应计入建筑安装工程造价的费用。

规费项目清单项目由下列内容构成:社会保险费,包括养老保险费、失业保险费、医疗保险费、工伤保险费、生育保险费;住房公积金和工程排污费。

2. 税金

经国务院批准,自 2016 年 5 月 1 日起,在全国范围内全面推开营业税改征增值税,建筑业、房地产业、金融业、生活服务业等全部营业税纳税人,纳入试点范围,由缴纳营业税改为缴纳增值税。按照《营业税改征增值税试点实施办法》《营业税改征增值税试点有关事项的规定》《营业税改征增值税试点过渡政策的规定》《跨境应税行为适用增值税零税率和免税政策的规定》遵照执行。

2.5.2 规费、税金的计算

1. 规费

规费应按照国家或省级、行业建设主管部门的规定计算。一般计算方法是:

规费＝分部分项工程费和单价措施项目费中的定额人工费×对应的费率

例如,陕西省规费取费费率如表 2-6 所示。

表 2 - 6 陕西省规费(不分专业)取费费率(%)

计费基础	养老保险(劳保统筹基金)	失业保险	医疗保险	工伤保险	残疾人就业保险	生育保险	住房公积金	意外伤害保险
分部分项工程费+措施费+其他项目费	3.55	0.15	0.45	0.07	0.04	0.04	0.30	0.07

2. 税金

税金应按照国家或省级、行业建设主管部门的规定计算。一般计算方法是:

(1)一般纳税人以清包工方式提供的建筑服务,可以选择适用简易计税方法计税。以清包工方式提供建筑服务,是指施工方不采购建筑工程所需的材料或只采购辅助材料,并收取人工费、管理费或者其他费用的建筑服务。

(2)一般纳税人为甲供工程提供的建筑服务,可以选择适用简易计税方法计税。甲供工程,是指全部或部分设备、材料、动力由工程发包方自行采购的建筑工程。

(3)一般纳税人为建筑工程老项目提供的建筑服务,可以选择适用简易计税方法计税。

建筑工程老项目,是指:①建筑工程施工许可证注明的合同开工日期在 2016 年 4 月 30 日前的建筑工程项目;②未取得建筑工程施工许可证的,建筑工程承包合同注明的开工日期在 2016 年 4 月 30 日前的建筑工程项目。

(4)一般纳税人跨县(市)提供建筑服务,适用一般计税方法计税的,应以取得的全部价款和价外费用为销售额计算应纳税额。纳税人应以取得的全部价款和价外费用扣除支付的分包款后的余额,按照 2% 的预征率在建筑服务发生地预缴税款后,向机构所在地主管税务机关进行纳税申报。

(5)一般纳税人跨县(市)提供建筑服务,选择适用简易计税方法计税的,应以取得的全部价款和价外费用扣除支付的分包款后的余额为销售额,按照 3% 的征收率计算应纳税额。纳税人应按照上述计税方法在建筑服务发生地预缴税款后,向机构所在地主管税务机关进行纳税申报。

(6)试点纳税人中的小规模纳税人(以下称小规模纳税人)跨县(市)提供建筑服务,应以取得的全部价款和价外费用扣除支付的分包款后的余额为销售额,按照 3% 的征收率计算应纳税额。纳税人应按照上述计税方法在建筑服务发生地预缴税款后,向机构所在地主管税务机关进行纳税申报。

 复习思考题

1. 判断题

(1)"现浇混凝土直形墙"项目适用于±0.000 以上的范围。　　　　　　　　　　(　　)

(2)清单计量时,构造柱的马牙槎可以不计算。　　　　　　　　　　　　　　(　　)

(3)保温隔热材料按设计图示的面积计算。　　　　　　　　　　　　　　　　(　　)

(4)对楼地面铺设水泥砂浆整体面层时,不应扣除柱、垛、所占面积。　　　　(　　)

(5)凸出砖墙面的腰线、窗台线、压顶、砖垛均不计算。　　　　　　　　　　(　　)

(6)"空斗墙"中的全部实砌砖体积,应按"零星砌体"列项计算。　　　　　　(　　)

(7)多孔砖一砖半墙体的计算厚度应为 370mm。　　　　　　　　　　　　　(　　)

(8)凸出砖墙面的腰线、窗台线、压顶均不计入砖墙工程量。 （　　）

(9)钢砼板式楼梯底面抹灰面积不应并入楼梯面层抹灰工程量中。 （　　）

(10)天棚吊顶中的龙骨基层费用应与天棚面层分别列项计算。 （　　）

2.选择题

(1)工程量清单表中项目编码的第四级为（　　）码。

A.分类　　　　　B.具体清单项目　　　　C.节顺序　　　　D.清单项目

(2)"分部分项工程量清单"应包括（　　）。

A.工程量清单表和工程量清单说明

B.项目编码、项目名称、计量单位和工程数量

C.工程量清单表、措施项目表和其他项目清单

D.项目名称、项目特征、工程内容

(3)对工程量清单概念表述不正确的是（　　）。

A.工程量清单是包括工程数量的明细清单

B.工程量清单也包括工程数量相应的单价

C.工程量清单由招标人提供

D.工程量清单是招标文件的组成部分

(4)住建部发布的《建设工程工程量清单计价规范》(GB 50500—2013)执行日期为 2013 年（　　）。

A.1 月 1 日　　　　　B.5 月 1 日　　　　　C.7 月 1 日　　　　　D.8 月 1 日

(5)工程量清单是一份由（　　）提供的文件。

A.招标人　　　　　B.投标人　　　　　C.监理工程师　　　　　D.政府部门

(6)措施项目清单应包括（　　）。

A.混凝土模板　　　　　B.预留金　　　　　C.总包服务费　　　　　D.材料购置费

(7)工程量清单计价规范中的预留金是指（　　）。

A.招标人为可能发生的工程量变更而预留的金额

B.投标人为可能发生的工程量变更而预留的金额

C.招标人要求投标人在项目实施过程中预留的质量保修金

D.投标人在项目实施过程中根据有关合同条款预留的质量保修金

(8)工程量清单编码中的分类码由两位号码组成,其中装饰装修工程的代码为（　　）。

A.01　　　　　B.02　　　　　C.03　　　　　D.04

(9)工程量清单与合同的关系是（　　）。

A.工程合同是工程量清单的编制基础　　　　　B.两者没有联系

C.工程量清单是工程合同的组成部分　　　　　D.不确定

(10)根据清单计价规范的规定,下列各项中,（　　）不是工程量清单项目内容。

A.项目编码　　　　　B.项目名称　　　　　C.计量单位　　　　　D.备注

3.简答题

(1)什么是工程量清单?

(2)一份完整的分部分项工程量清单应该包含哪些内容?

(3)什么是项目编码?它由几位阿拉伯数字组成,各自的含义是什么?

(4)项目特征应该如何描述？项目特征描述会对工程有什么影响？

(5)编制分部分项清单需要哪些资料？

(6)采用什么措施来保证分部分项清单不漏项？

项目 3 工程量清单计价文件的编制

 项目描述

本项目以《建设工程工程量清单计价规范》(GB 50500—2013)和《房屋建筑与装饰工程工程量计算规范》(GB 50854—2013)为基础,结合《陕西省建设工程工程量清单计价规则》(2009),详细描述了工程量清单计价文件的编制办法。

 拟实现的教学目标

- 掌握清单综合单价的计算办法;
- 掌握常见定额单价换算方法;
- 掌握分部分项工程和单价措施项目费的计算方法;
- 掌握总价措施项目费的计算方法;
- 掌握其他项目费的计算方法;
- 掌握规费、税金的计算方法。

任务 3.1 清单综合单价的计算

3.1.1 综合单价的概念

综合单价是指完成一个规定清单项目所需的人工费、材料费和工程设备费、施工机具使用费和企业管理费、利润以及一定范围内的风险费。

人工费、材料费和工程设备费、施工机具使用费是根据计价定额计算的,企业管理费和利润是根据省市工程造价行政主管部门发布的文件规定计算的。

一定范围内的风险费主要指:同一分部分项清单项目的已标价工程量清单中的综合单价与招标控制价的综合单价之比,超过±15%时,才能调整综合单价。例如,同一清单项目的一标价工程量清单中的综合单价是 248 元/平方米,招标控制价的综合单价为 210 元/平方米,(248÷210−1)×100%=18.1%,超过了 15%,可以调整综合单价。如果没有超过 15%,就不能调整综合单价,因为综合单价已经包含了 15%的价格风险。

3.1.2 定额工程量的概念

定额工程量是相对以前的清单工程工程量而言的。清单工程量是根据施工图和清单工程量计算规则计算的;定额工程量是根据施工图和定额工程量计算规则计算的。在编制综合单价时会同时出现清单工程量与定额工程,所以一定要搞清楚定额工程量的概念。

例:某工程混凝土独立基础垫层长 6.00m,宽 5.00m,垫层底标高−2.50m,室外地坪高

—0.30m。分别计算该地可挖土方的清单工程量和定额工程，计算过程见表3-1。

表3-1 工程量计算过程

类型	计算式	工程量	备注
清单工程量	$V=6\times5\times(2.5-0.3)$	$66.00m^3$	
定额工程量	$V=(6+0.3\times2+0.33\times2.2)\times(5+0.3\times2+0.33\times2.2)\times2.2+(0.33\times0.33\times2.2\times2.2\times2.2)\div3$	$102.34m^3$	考虑300mm工作、放坡系数0.33

从表3-1中可以看出，定额工程量是按计价定额的工程量计算规则计算，是根据要放坡和增加工作面的施工方案计算的。因此，工程量计算规则不同是造成两种工程量不同的根本原因。定额工程量是编制综合单价时，必须要计算的工程量，是反映实际施工情况的工程量。

3.1.3 确定综合单价的方法

由于各分部分项工程中的人工费、材料费和工程设备费、机械费所占比例不同，各分部分项工程可根据其材料费占人工费、材料费和工程设备费、机械费的比例（以字母"C"代表该项比值），各省建设主管部门结合其计价实际，在以下三种程序中选择一种计算其综合单价。

(1)当$C>C_0$(C_0为根据本地区建设工程参考价目表测算所选典型分项工程材料费占人工费、材料费和工程设备费、机械费所占的比例)时，可采用以直接工程费合计为基数组价，如表3-2所示，此计价模式适用于所有的一般土建工程、机械土石方工程、桩基工程和装饰装修工程。

表3-2 以直接工程费为基础综合单价组成表

项目	计算式	合价	其中			
			人工费	机械费	材料费	一定范围内的风险费
分项直接工程费	$a+b+c+d$	A	a	b	c	d
分项管理费	$A\times$费率	A_1				
分项利润	$(A+A_1)\times$利润率	A_2				
分项综合单价	$A+A_1+A_2$	H				

(2)当$C<C_0$时，以人工费和机械费的合计为基数组价，如表3-3所示，此计价模式适用于市政工程。

表3-3 以人工费为基础综合单价组成表

项目	计算式	合价	其中				
			人工费	材料费		机械费	一定范围内的风险费
				辅材	主材		
分项直接工程费	$a+b_1+b_2+c+d$	A	a	b_1	b_2	c	d
分项管理费	$a\times$费率	A_1					
分项利润	$a\times$利润率	A_2					
分项综合单价	$A+A_1+A_2$	H					

（3）若分项工程的直接工程费仅为人工费或以人工费为主时，以人工费为基数组价，如表 3-4 所示，此计价模式适用于人工土石方工程、安装工程。

表 3-4 以"人工费＋机械费"为基础综合单价组成表

项目	计算式	合价	其中					
			人工费	材料费		机械费	一定范围内的风险费
				辅材	主材		
分项直接工程费	$a+b_1+b_2+c+d$	A	a	b_1	b_2	c	d
分项管理费	$(a+c)×$费率	A_1					
分项利润	$(a+c)×$利润率	A_2					
分项综合单价	$A+A_1+A_2$	H					

根据分部分项工程量清单项目特征及主要工程内容的描述，确定综合单价。其计算过程如下：

（1）计算分项工程各定额子目对应的人工费、材料费、机械费。

①依据分项工程的项目特征和工程内容，查找出最合适的一个或多个组价定额项目及子目。

②按照各子目相应的定额工程量计算规则计算定额工程量。

③查询各定额子目中相应的人工、材料、机械台班单价，结合各子目中人工、材料、机械台班的消耗量确定各定额子目的基价。则各 i 定额子目人工费、材料费和机械费为：

$$i\,定额子目人工费＝i\,定额子目基价中的人工费×i\,定额工程量$$
$$i\,定额子目材料费＝i\,定额子目基价中的材料费×i\,定额工程量$$
$$i\,定额子目机械费＝i\,定额子目基价中的机械费×i\,定额工程量$$

（2）计算 i 定额子目对应的风险费、管理费、利润费用。

根据风险取定的幅度、管理费和利润费率计算出对应的风险费用、管理费及利润。风险是指发、承包双方约定的一定幅度内的人工、材料、设备因市场价格波动引起的风险费用。管理费、利润的计算公式为：

①人工土石方工程：

$$管理费＝人工费×管理费费率$$
$$利润＝人工费×利润费率$$

②机械土石方、桩基工程、一般土建工程、装饰装修工程：

$$管理费＝（人工费＋材料费＋机械费＋风险费用）×管理费费率$$
$$利润＝（人工费＋材料费＋机械费＋风险费用＋管理费）×利润费率$$

（3）计算分部分项工程清单综合单价。

$$j\,分部分项工程清单综合单价＝\sum_1^j i（人工费＋材料费＋机械费＋风险费用＋管理费＋利润）÷j\,分项工程清单工程量$$

（4）举例：某多孔砖墙清单综合单价计算步骤解读（定额法）。

按照项目特征和工作内容，选择定额 3-40 非承重黏土多孔砖墙一砖。

第一步:将清单编码"010401004001"、清单项目名称"多孔砖墙"、清单工程量单位"m³"填入表内;工程量 1m³。

第二步:将逐项工程的计价定额号"3-40"、定额名称"非承重黏土多孔砖墙一砖"、定额单位"10m³"、工程量"0.1"、定额人工费"524.58 元/10m³"、定额材料费"1259.04 元/10m³"、定额机械费"15.74 元/10m³"、管理费和利润"1799.36×5.11%+(1799.6+1799.36×5.11%)×3.11%=150.77 元/10m³"填入表内。

第三步:将主项(数量)0.1×524.58(单价中人工费)=52.46(元),0.1×1259.04(单价中材料费)=125.90(元),0.1×15.74(单价中机械费)=1.57(元),0.1×150.77(单价中管理费利润)=15.08(元),分别填入表中"合价"栏的对应"人工费、材料费、机械费、管理费和利润"栏目里。

第四步:根据"非承重黏土多孔砖墙一砖"所用计价定额"3-40"中的数据,将每立方米砌体的各种材料消耗量、材料名称、材料单价(也可以用材料信息价)填入"材料费明细表"对应的栏目内。

第五步:将"合价"栏目内的两个项目的人工费、材料费、机械费、管理费和利润分别小计后得到综合单价,填入对应的"清单项目综合单价"栏目内,综合单价的计算就完成了。见表3-5。

表 3-5　综合单价分析表

工程名称:××住宅楼　　　　　　　　标段:1标段　　　　　　　　第 1 页　共 1 页

项目编码	010401004001		项目名称		多孔砖墙		计量单位	m³	工程量	1
清单综合单价组成明细										
定额编号	定额名称	定额单位	数量	单价				合价			
				人工费	材料费	机械费	管理费和利润	人工费	材料费	机械费	管理费和利润
3-40	非承重黏土多孔砖墙一砖	10m³	0.1	524.58	1259.04	15.74	150.77	52.46	125.9	1.57	15.08
人工单价	小计							52.46	125.9	1.57	15.08
综合工日:42 元/工日	未计价材料费							0			
清单项目综合单价								195.01			

续表 3-5

材料费明细	主要材料名称、规格、型号	单位	数量	单价（元）	合价（元）	暂估单价(元)	暂估合价(元)
	水泥 32.5	kg	26.6	0.32	8.51		
	中砂	m³	0.13566	37.15	5.04		
	石灰膏	kg	19.285	0.5	9.64		
	水	m³	0.28924	3.85	1.11		
	非承重黏土多孔砖 240×240×115	千块	0.136	747.03	101.6		
	材料费小计			—	125.9	—	0

注：1. 如不使用省级或行业建设主管部门发布的计价依据，可不填定额编码、名称等；

2. 招标文件提供了暂估单价的材料，按暂估的单价填入表内"暂估单价"栏及"暂估合价"栏。

任务 3.2 分部分项工程和单价措施项目费的计算

3.2.1 分部分项工程费计算

根据分部分项清单工程量乘以对应的综合单价就得出了分部分项工程费。分部分项工程费是根据招标工程量清单，通过"分部分项工程和单价措施项目计价表"实现的。

例如，某工程的砖基础、混凝土基础垫层清单工程量、项目编码、项目特征描述、计量单位、综合单价见表 3-6，计算其分部分项工程费。

表 3-6 分部分项工程和措施项目计价表(部分)

工程名称:A 工程   标段: 第1页共1页

序号	项目编码	项目名称	项目特征描述	计量单位	工程量	综合单价	合价	其中 暂估价
			D 砌筑工程					
1	010401001001	砖基础	1.砖品种、规格、强度等级:页砖、240×115×53、MU7.5 2.基础类型:带型 3.砂浆强度等级:M5 水泥砂浆 4.防潮层材料种类:1:2 水泥砂浆	m³	56.56	335.88	18997.37	
			分部小计				18997.37	
			E 混凝土及钢筋混凝土工程					
2	010501001001	基础垫层	1.混凝土类别:碎石塑性混凝土 2.强度等级:C10	m³	18.20	321.50	5851.30	
			分部小计				5851.30	
			本页小计				24848.67	
			合计				24848.67	

表 3-6 的计算步骤如下:

第一步,将砖基础、混凝土基础垫层的项目编码、项目名称、项目特征描述、计量单位、综合单价填入表内。

第二步,计算砖基础、混凝土基础垫层的合价,合价=清单工程量×综合单价。砖基础合价=56.56×335.88=18997.37 元,混凝土基础垫层合价=18.20×321.50=5851.30(元)。

第三步,以部分工程为单位小计分部分项工程费。

第四步,加总本页小计。

第五步,将各分部工程项目费小计加总为单位工程分部分项工程费合计。

3.2.2 建筑工程不同专业分类下清单综合单价计算方法

1.“人工土石方”分部分项工程清单综合单价的计算

《陕西省建筑、装饰工程消耗量定额》子目中定额编号 1-1 至 1-82 为人工土石方工程。人工土石方工程适用于采用人工施工的建筑物、构筑物的基础、基坑,以及大开挖工程的挖、运、填土、石方,房屋室内回填土,散水台阶等的土方。这些工程内容不论采用何种承包方式,不论工程量大小,适合用人工土石方工程。

【例3-1】某多层砖混住宅土方工程,土壤类型为三类土;砖基础为三层等高大放脚带形基础;垫层宽度为1200mm;挖土深度为1.80m;根据相关规定,沟边堆土480.20m³,其余土方为弃土,运距200m,采用人工运输。基础总长度为350.80m。试计算该基础土方的综合单价。

【解】(1)经招标人根据基础施工图计算。

基础挖土截面积为:1.20m×1.80m=2.16m²

土方挖土量为:2.16m²×350.80m=757.73m³

工程量清单见表3-7。

表3-7　分部分项工程量清单

工程名称:某多层砖混住宅工程

序号	项目编码	项目名称	计量单位	工程数量
1	010101003001	挖沟槽土方 ①土壤类别 ②基础类别 ③垫层宽度:1200mm ④挖土深度:1.80m ⑤沟边堆土为480.20m³,其余为弃土,弃土运距为200m	m³	757.73

(2)招标人根据地质资料和施工方案计算综合单价。

①基础挖方截面 $S=(1.20+1.50×0.33)×1.80=1.79×1.80=3.23(m^2)$

土方挖方总量 $V=3.23×350.80=1133.08(m^3)$

②采用人工挖土,挖土量为1133.08m³。

弃土方量 $V=1133.08-480.20=652.88(m^3)$

人工土方管理费率取3.58%(取费基础为人工费),利润率取2.88%(取费基础为人工费);人、材、机单价采用陕西省建筑工程价目表。

③人工挖土(沟槽)(查陕西省消耗量定额1-5子目,直接套定额得人工消耗量;分别乘以单价人工费)。

人工费=11.331(100m³)×40.38(工日/100m³)×42(元/工日)=19216.92(元)

管理费=19216.92×3.58%=687.97(元)

利润=19216.92×2.88%=553.43(元)

人工费+管理费+利润=19216.92+687.97+553.43=20458.34(元)

④人工运土(查陕西省消耗量1-33子目,直接套定额的人工消耗量;分别乘以单价得人工费)。

人工费=6.529(100m³)×[2.64(工日/100m³)×42(元/工日)×2]=1447.87(元)

管理费=14747.87×3.58%=51.83(元)

利润=1447.87×2.88%=41.70(元)

人工费+管理费+利润=1447.87+51.83+41.70=1541.40(元)

⑤分部分项工程费=20458.34+1541.40=21999.74(元)

⑥综合单价=21999.74÷757.73=29.03(元/m³)

分部分项工程量清单计价表见3-8,分部分项工程量清单综合单价计算表见表3-9。

表 3 - 8　分部分项工程量清单计价表

工程名称:某多层砖混住宅工程

序号	项目编码	项目名称	计量单位	工程数量	金额/元	
					综合单价	合计
1	010101003001	挖沟槽土方 ①土壤类别:三类土 ②基础类型:砖大放脚带形基础 ③垫层宽度:1200mm ④挖土深度:1.80m ⑤沟边堆土为 480.20m³,其余为弃土,弃土运距为 200m	m³	757.73	29.03	21999.74

表 3 - 9　分部分项工程量清单综合单价计算表

工程名称:某多层砖混住宅工程　　　　　　　　　　计量单位:m³

项目编码:010101003001　　　　　　　　　　　　工程数量:757.73

项目名称:挖基础土方　　　　　　　　　　　　　　综合单价:29.03 元/m³

序号	定额编号	工程内容	单位	数量	其中(元)					
					人工费	材料费	机械费	管理费	利润	小计
1	1-5	人工挖土(沟槽)	100m³	11.331	19216.92			687.79	553.45	20458.34
2	2×1-33	人工运土	100m³	6.529	1447.87			51.83	41.70	1541.40
3		合计			20664.79			739.80	595.15	21999.74

2. "机械土石方"分部分项工程清单综合单价的计算

《陕西省建筑、装饰工程消耗量定额》子目中定额编号 1 - 83 至 1 - 126 为机械土石方工程。机械土石方工程适用于采用机械施工的建筑物、构筑物的基础、基坑,以及大开挖工程的挖、运、填土、石方,房屋室内回填土,散水台阶等的土方和强夯工程。这些工程内容不论采用何种承包方式,不论工程量大小,适合用机械土石方工程。

【例 3 - 2】一拟建建筑平面布置图为矩形,外墙外边线长 30m,宽 20m,基础施工方案采用开挖基坑土方,场地平整采用机械平整,试计算平整场地综合单价。

【解】清单工程量＝30×20＝600(m²)

定额工程量＝(30+4)×(20+4)＝816(m²)

选定额 1 - 107 场地平整土30cm 以内 1000m²,工程量为 0.816(1000m²)

分项直接工程费＝471.44×0.816＝384.70(元)

管理费＝384.70×1.7%＝6.54(元)

利润＝(384.70+6.54)×1.48%＝5.79(元)

综合单价＝（384.70＋6.54＋5.79）÷600＝0.66（元/m²）

3. "桩基工程"分部分项工程清单综合单价的计算

《陕西省建筑、装饰工程消耗量定额》子目中第二章定额子目为桩基工程。桩基工程适用于机械施工的打（压）、拔各种混凝土预制桩、钢板桩以及各类灌注桩、挤密桩、震冲桩、深层搅拌桩喷粉（浆）桩的成孔与成桩。

【例3-3】某混凝土灌注桩工程，采用旋挖钻机成孔，土壤级别一级土（砂土、黏土），根桩设计长度25m，共130根，桩直径800mm，灌注混凝土强度等级C25（商品混凝土），总孔深度为30m，混凝土灌注桩的工程量清单如表3-10所示。按照陕西省2004消耗量定额和2009价目表及计价费率，对此混凝土灌注桩工程进行组价。

表3-10　分部分项工程量清单

序号	项目编码	项目名称	计量单位	工程数量
1	010302001001	泥浆护壁成孔灌注桩 ①土壤级别：一级土（砂土、黏土） ②单桩长度、根数：25m、130根 ③桩径：800mm ④成孔方法：旋挖钻机成孔 ⑤成孔深度：30m ⑥混凝土强度等级：C25商品混凝土	m	3250

【解】（1）投标人根据地质资料和施工方案计算。

①旋挖钻机成孔计算。

桩成孔体积：$V=3.1416×0.4^2×30×130=1960.36（m^3）=196.036（10m^3）$

查消耗量定额中的旋挖钻机成孔项目，可直接套用定额2-60子目，其原定额计价计算过程为：

定额单位人工费＝综合工日数量×人工工日单价＝6.04×42＝253.68（元/10m³）

定额单位材料费＝$\sum$（定额材料数量×对应材料单价）＝电焊条（普通）＋钢丝绳 ϕ26mm＋铁件摊销＝2.69×5.35＋1.42×18.11＋8.36×5.00＝81.91（元/10m³）

定额单位机械费＝$\sum$（材定机械台班数量×对应机械台班单价）＝机械旋挖钻机台班费＝0.604×2066.81＝1248.35（元/10m³）

定额基价＝人工费＋材料费＋机械费＝253.68＋81.91＋1248.35＝1583.94（元/10m³）

则旋挖钻机成孔直接工程费＝196.036×1583.94＝310509.26（元），或直接套用2009价目表2-60子目基价得：

旋挖钻机成孔直接工程费＝196.036×1583.94＝310509.26（元）

其中：人工费＝196.036×253.68＝49730.41（元）

材料费＝196.036×81.91＝16057.31（元）

机械费＝196.036×1248.35＝244721.54（元）

②钻孔桩灌注混凝土计算（按设计桩长加0.5m）。

桩体积 $V=3.1416×0.4^2×（25+0.5）×130=1666.30（m^3）$

套用定额 2-108 子目,灌注混凝土直接工程费=166.63×2515.48=419154.40(元)

其中:人工费=166.63×94.08=15676.55(元)

材料费=166.63×2275.36=379143.20(元)

机械费=166.63×=24334.65(元)

③泥渣外运。

泥渣外运体积 V=3.1416×0.4²×30×130=1960.36(m³)

套用定额 2-112 子目,泥渣外运直接工程费=1.960×37008.14=72535.95(元)

其中:人工费=1.960×2574.60=5046.22(元)

材料费=1.960×34433.54=67489.74(元)

④凿桩头工程量计算。

桩头体积 V=3.1416×0.4²×0.5×130=32.66(m³)

套用定额 2-109 子目,凿桩头直接工程费=32.66×302.40=9876.38(元)

其中:人工费=32.66×302.40=9876.38(元)

(2)综合单价计算。

直接工程费=310509.26+419154.40+72535.95+9876.38=812075.99(元)

管理费(按 1.72%取)=812075.99×0.0172=13967.71(元)

利润(按 1.07%取)=(812075.99+13967.71)×0.0107=8838.67(元)

分部分项工程费=812075.99+13967.71+8838.67=834882.37(元)

综合单价=834882.37/3250=256.89(元/m)

本桩基工程分部分项工程清单计价表,见表 3-11;分部分项工程量清单综合单价分析计算表,见表 3-12。

表 3-11 分部分项工程清单计价表

工程名称:×××工程 第 页 共 页

序号	项目编码	项目名称	计量单位	工程数量	金额(元)	
					综合单价	合价
1	010302 001001	泥浆护壁成孔灌注桩 ①土壤级别:一级土(砂土、黏土) ②单桩长度、根数:25m、130 根 ③桩径:800mm ④成孔方法:旋挖钻机成孔 ⑤成孔深度:30m ⑥混凝土强度等级:C25(商品混凝土)	m	3250	256.89	834882.37

表 3-12 分部分项工程量清单综合单价计算表

工程名称:×××工程　　　　　　　　　　　　　　　　　计量单位:m

项目编码:010201003001　　　　　　　　　　　　　　　工程数量:3250

项目名称:混凝土灌注桩　　　　　　　　　　　　　　　综合单价:256.89 元

序号	定额编号	工程内容	单位	数量	其中：（元）					
					人工费	材料费	机械费	管理费	利润	小计
1	2-60	旋挖钻机成孔	10m³	196.036	49730.41	16057.31	244721.54	5340.76	3379.60	319229.62
	2-108	灌注商品混凝土	10m³	166.63	15676.55	379143.20	24334.62	7209.46	4562.09	430925.95
	2-109	凿桩头	m³	32.66	9876.38			169.87	107.49	10153.74
	2-112	泥渣外运	10m³	1.96	5046.22		67489.74	1247.62	789.48	74573.06

4.“一般土建工程”分部分项工程清单综合单价的计算

《陕西省建筑、装饰工程消耗量定额》中第三、四、五、六、七、八、九、十一、十二、十三、十四、十五章定额子目内容为一般土建工程。

【例 3-4】某工程砌筑工程采用 M10 水泥砂浆(预拌砂浆)砌砖基础,预拌砂浆的单价为 280 元/m³。基础深 1.2m,其工程量为 15.07m³;上部为一砖厚(标准砖)单面清水墙,采用现场拌制 M5 水泥混合砂浆砌筑,墙高 2.9m,工程量为 22.00m³。试分别确定砖基础与砖墙项目的综合单价。

【解】(1)砖基础清单项目综合单价。

因采用预拌砂浆,其相应定额子目内每立方米砂浆扣除人工 0.69 工日,相应定额子目内“灰浆搅拌机 200L”的台班消耗量全部扣除。

砖基础直接工程费=1.507(10)×[2036.50+2.36×(280-126.93)-2.36×0.69×42-27.86]=3468.35(元)

其中:人工费=1.507×(495.18-2.36×0.69×42)=643.17(元)

材料费=1.507×[1513.46+2.36×(280-126.93)]=2825.18(元)

机械费=1.507×(27.86-27.86)=0(元)

管理费(管理费利率 5.11%)=3468.35×5.11%=177.23(元)

利润(利润率 3.11%)=(3468.35+177.23)×3.11%=113.38(元)

所以,砖基础合价=3468.35+177.23+113.38=3758.96(元)

因此,砖基础清单项综合单价=3758.96÷15.07=249.43(元/m³)

(2)砖墙清单项目综合单价。

砖墙的组价定额为 3-12 子目。

砖墙直接工程费=2.2×2445.77=5380.69(元)

其中:人工费=2.2×792.54=1743.59(元)

材料费＝2.2×1626.65＝3578.63(元)

机械费＝2.2×26.58＝58.46(元)

管理费(管理费率5.11％):5380.69×5.11％＝274.95(元)

利润(利润率3.11％):(5380.69＋274.95)×3.11％＝175.89(元)

所以,砖墙合价＝5380.69＋274.95＋175.89＝5831.53(元)

因此,砖墙清单项综合单价＝5831.53÷22＝265.07(元/m³)

5. "装饰装修工程"分部分项工程清单综合单价的计算

《陕西省建筑、装饰工程消耗量定额》中第十章定额子目内容为装饰装修工程。

【例3-5】某工程地面的工程量清单如表3-13所示。试按招标控制价的编制方法计算该地面工程的综合单价和分部分项工程费。本例中暂不考虑风险因素,管理费和利润的计价费率按照《陕西省建设工程工程量清单计价费率》计取。

表3-13 某工程地面的工程量清单

序号	项目编码	项目名称	计量单位	工程数量
1	011101001001	水泥砂浆地面 ①20厚1:2水泥砂浆地面 ②水泥浆一道 ③60厚C15普通砾石混凝土层 ④150厚3:7灰土	m²	84.20

【解】(1)水泥砂浆面层,定额工程量 $S=84.20/100=0.842(100\text{m}^2)$,套用2009价目表10-1子目,定额直接工程费＝537.00＋527.01＋24.10＝1088.11(元/100m²)

企业管理费＝分项直接工程费×计价费率＝1088.11×3.83％＝41.67(元/100m²)

利润＝(分项直接工程费＋管理费)×计价费率

＝(1088.11＋41.67)×3.37％＝38.07(元/100m²)

10-1子目定额综合价＝人工费＋材料费＋机械费＋风险＋管理费＋利润

＝537.00＋527.01＋24.01＋0.00＋41.67＋38.07

＝1167.85(元/100m²)

(2)C15普通砾石混凝土垫层,定额工程量 $V=84.02×0.06=5.05(\text{m}^3)$,换算套用2009价目表4-1子目,定额直接工程费(换算后)＝76.44＋174.62＋1.005×(150.10－163.39)＋17.73＝255.07(元/m³)

4-1子目定额综合价＝255.07×(1＋5.11％)×(1＋3.11％)＝276.44(元/m³)

(3)150厚3:7灰土垫层,定额工程量 $V=84.20×0.15÷100=0.126(100\text{m}^3)$,套用2009价目表1-28子目,定额直接工程量＝2950.08＋4512.16＋107.72＝7569.96(元/100m³)

1-28定额综合价＝7569.96＋2950.08×(3.58％＋2.88％)＝7760.54(元/100m³)

(4)水泥砂浆楼地面综合单价＝$\dfrac{1167.85×0.842＋276.44×5.05＋7760.54×0.126}{84.02}$

＝39.87(元/m²)

故该地面工程分项工程费＝39.87×84.02＝3357.05(元)

该分项工程综合单价分析如表3-14所示。

表 3 - 14　地面的综合单价分析表

序号	项目编码	项目名称	计量单位	工程量	综合单价组成						综合单价（元/m）
					人工费	材料费	机械费	风险	管理费	利润	
1	011101 001001	水泥砂浆地面	m²	84.20	14.37	22.47	1.47	0	1.04	1.03	40.74
	10 - 1	整体面层,水泥砂浆地面	100m²	0.842	537.00	527.01	24.10	0	41.67	38.07	1167.85
	4 - 1 换	C15 普通砾石混凝土	m³	84.20× 0.06＝5.05	76.44	160.90	17.73	0	13.03	8.34	276.44
	1 - 28	回填夯实 3:7 灰土	100m³	84.20× 0.15÷100 ＝0.126	2950.08	4512.16	107.72	0	105.61	84.96	7760.54

该分项工程工程量清单计价如表 3 - 15 所示。

表 3 - 15　地面的工程量清单计价表

序号	项目编码	项目名称	计量单位	工程数量	金额（元）	
					综合单价	合价
1	011101001001	水泥砂浆楼地面 ①20 厚 1:2 水泥砂浆地面 ②水泥砂浆一道 ③60 厚 C15 普通砾石混凝土垫层 ④150 厚 3:7 灰土	m²	84.20	39.87	3357.05

3.2.3　单价措施项目费计算

单价措施项目费的计算方法与分部分项工程综合单价的计算方法一样,即根据单价措施项目清单工程量乘以对应的综合单价就得出了单价措施项目费。单价措施项目费是根据招标工程量清单,通过"分部分项工程和单价措施项目计价表"实现的。

例如,某工程的脚手架、现浇矩形梁模板的清单工程量、项目编码、项目特征描述、计量单位、综合单价如表 3 - 16 所示,计算其单价措施项目费。

表 3-16 分部分项工程和单价措施项目计价表(部分)

工程名称:A 工程   标段: 第 1 页共 1 页

序号	项目编码	项目名称	项目特征描述	计量单位	工程量	金额(元)		
						综合单价	合价	暂估价
			S 措施项目					
			S.1 脚手架工程					
1	011701001001	综合脚手架	1. 建筑结构形式:框架 2. 檐口高度:6m	m²	546.88	28.97	15843.11	
			小计				15843.11	
			S.2 混凝土模板及支架					
2	011702006001	矩形梁模板	支撑高度:3m	m²	31.35	53.50	1677.23	
			小计				1677.23	
			分部小计				17520.34	
			本页小计				17520.34	
			合计				17520.34	

表 3-16 的计算步骤如下:

第一步,将综合脚手架、矩形梁模板的项目编码、项目名称、项目特征描述、计量单位、综合单价填入表内。

第二步,计算综合脚手架、矩形梁模板的合价。合价=清单工程量×综合单价。综合脚手架合价=546.88×28.97=15843.11(元),矩形梁模板合价=31.35×53.50=1677.23(元)。

第三步,小计分部分项工程费。

第四步,加总本页小计。

第五步,将各分部工程项目费小计加总为单位工程分部分项工程费合计。

【例 3-6】给定清单项目混凝土模板及支撑清单工程量,计算措施项目费中混凝土模板及支撑的费用及其综合单价分析。

【解】措施项目费中模板及支撑综合单价分析表,见表 3-17。

表 3-17　混凝土模板及支撑综合单价分析表

项目编码	项目名称	单位	数量	金额（元）							
				人工费	材料费	机械费	风险	管理费	利润	综合单价	合价
混凝土模板及支撑		项	1	5323.16	5063.02	587.15		560.74	358.71	11892.79	11892.79
4-21	现浇构件模板独立基础	m³	17.28	22.68	47.77	2.95		3.75	2.4	79.55	1374.63
4-29	现浇构件模板混凝土垫层	m³	5.32	7.14	30.82	0.41		1.96	1.25	41.58	221.23
4-36	现浇构件模板基础梁	m³	4.49	113.83	107.22	9.98		11.81	7.55	250.38	1124.19
4-37	现浇构件模板矩形梁	m³	6.60	190.26	147.95	17.94		18.20	11.64	385.99	2547.54
4-48	现浇构件模板有梁板10cm以内	m³	0.85	176.4	144.53	25.58		17.71	11.33	375.54	319.21
4-51	现浇构件模板平板10cm内	m³	1.81	186.9	155.29	25.03		18.76	12.00	397.99	720.36
4-52	现浇构件模板平板10cm内	m³	3.87	126.42	105.21	16.84		12.70	8.12	269.29	1042.15
4-54	现浇构件模板挑檐	m³	2.36	324.24	311.6	28.2		33.93	21.71	719.68	1698.44
4-65	现浇构件模板台阶	m²	0.37	108.36	112.05	4.69		11.5	7.36	243.96	90.27
4-84	预制构件模板过梁	m³	0.63	92.4	103.69	92.08		14.73	9.42	312.32	196.76

所以，混凝土模板及支撑的费用为 11892.79 元。

3.2.4　常见定额单价换算方法

1. 常见换算类型

（1）砌筑砂浆换算；

（2）抹灰砂浆换算；

(3)构件混凝土换算；

(4)楼地面混凝土换算；

(5)乘系数换算。

2. 换算原因及公式

(1)砌筑砂浆的换算。

①换算原因。当设计图纸要求的砌筑砂浆强度等级在预算定额中缺项时，就需要调整砂浆强度等级，求出新的定额基价。

②换算特点。由于砂浆用量不变，所以人工、机械费不变，因而只换算砂浆强度等级和调整砂浆材料费。

③砌筑砂浆换算公式。

换算后定额基价＝原定额基价＋定额砂浆用量×（换入砂浆基价－换出砂浆基价）

(2)抹灰砂浆换算。

①换算原因。当设计图纸要求的抹灰砂浆配合比或抹灰厚度与预算定额的抹灰砂浆配合比或厚度不同时，就要进行抹灰砂浆换算。

②换算特点。

第一种情况：当抹灰厚度不变只换算配合比时，人工费、机械费不变，只调整材料费。

第二种情况：当抹灰厚度发生变化时，砂浆用量要改变，因而人工费、材料费、机械费均要换算。

③换算公式。

第一种情况的换算公式：

换算后定额基价＝ 原定额基价＋抹灰砂浆定额用量×（换入砂浆基价－换出砂浆基价）

第二种情况换算公式：

换算后定额基价＝ 原定额基价＋（定额人工费＋定额机械费）×$(K-1)+\sum$（各层换入砂浆用量×换入砂浆基价－各层换出砂浆用量×换出砂浆基价）

式中：K——工、机费换算系数，且 $K=$ 设计抹灰砂浆总厚÷定额抹灰砂浆总厚。

各层换入砂浆用量＝（定额砂浆用量÷定额砂浆厚度）×设计厚度

各层换出砂浆用量＝定额砂浆用量

(3)构件混凝土换算。

①换算原因。当设计要求构件采用的混凝土强度等级在预算定额中没有相符合的项目时，就产生了混凝土强度等级或石子粒径的换算。

②换算特点。混凝土用量不变，人工费、机械费不变，只换算混凝土强度等级或石子粒径。

③换算公式。

换算定额基价＝原定额基价＋定额混凝土用量×（换入混凝土基价－换出混凝土基价）

(4)楼地面混凝土换算。

①换算原因。楼地面混凝土面层的定额单位一般是平方米。因此，当设计厚度与定额厚度不同时，就产生了定额基价的换算。

②换算特点。同抹灰砂浆的换算特点。

③换算公式。

换算后定额基价＝ 原定额基价＋（定额人工费＋定额机械费）×$(K-1)$＋ 换入混凝土×换入

砂浆基价一换出砂浆用量×换出砂浆基价

式中：K——工、机费换算系数，$K=$ 混凝土设计厚度÷混凝土定额厚度。

各层换入砂浆用量＝（定额混凝土用量÷定额混凝土厚度）×设计混凝土厚度

换出混凝土用量＝定额混凝土用量

（5）乘系数换算。

乘系数换算是指在使用预算定额项目时，定额的一部分或全部乘以规定的系数。

例如：某地区预算定额规定，砌弧形砖墙时，定额人工乘以 1.10 系数；楼地面垫层用于基础垫层时，定额人工费乘以系数 1.20。

【例 3-7】根据给定的分部分项工程量清单（见表 3-18），依据 2004 年《陕西省建筑、装饰工程消耗量定额》和《陕西省建筑、装饰工程消耗量定额（2004）补充定额》、2009 年《陕西省建筑装饰市政园林绿化工程价目表建筑装饰册》及 2009 年《陕西省建设工程工程量清单计价费率》，完成招标最高限价的综合单价计价工作。除表 3-18 材料外，其余的材料和机械均同 2009 年《陕西省建筑装饰市政园林绿化工程价目表建筑装饰册》中的价格。不考虑风险因素。

表 3-18 分部分项工程量清单计价表

序号	项目编码	项目名称	计量单位	工程数量	综合单价（元）	合计（元）
1	010103 001001	回填方（室内） 1. 密实度要求：0.90 2. 填方材料品种：素土回填 3. 填方来源、运距：坑边 5m 内	m³	11.91		
2	010515 00100	现浇构件钢筋 1. 钢筋种类、规格：φ10 以上螺纹钢筋 2. 制作、场内运输、安装	t	2.650		
3	010902 001001	屋面卷材防水 1. 卷材品种、规格：氯化聚乙烯 2. 防水层数：1 层 3. 防水层做法：冷黏法	m²	112.95		
4	011406 001001	抹灰面油漆 1. 基层类型：砂浆 2. 腻子种类：防水腻子 3. 腻子遍数：一遍 4. 油漆品种和刷漆遍数：刷乳胶漆两遍	m²	174.72		

【解】综合单价计算过程见表 3-19。

表 3-19 综合单价计算过程表

010103001001	回填方(室内)	19.37

套用[1-26 回填素土夯实 100m³]定额工程量 0.1191(100m³):

人工费:1690.50×0.1191÷11.91=16.91(元/m³)

材料费:27.64×0.1191÷11.91=0.28(元/m³)

机械费:107.72×0.1191÷11.91=1.08(元/m³)

管理费:16.91×3.58%=0.61(元/m³)

风险:0

利润:16.91×2.88%=0.49(元/m³)

综合单价:1691+0.28+1.08+0.61+0.49=19.37(元/m³)

010515001001	现浇构件钢筋	5319.14

套用定额[4-8 螺纹钢 φ10 以上(含 φ10)t]定额工程量 2.65(t):

人工费:329.28×2.650÷2.65=329.28(元/t)

材料费:4464.88×2.650÷2.65=4464.88(元/t)

其中定额材料费换算:3942.38+(4200-3700)×1.045=4464.88(元)

机械费:114.32×2.650÷2.65=114.32(元/t)　风险:0

管理费:(329.28+4464.88+114.32+0)×5.11%=250.82(元/t)

利　润:(329.28+4464.88+114.32+0+250.82)×3.11%=169.45(元/t)

综合单价:329.28+4464.88+114.32+0+250.82+169.45=5319.14(元/t)

010902001001	屋面卷材防水	39.44

套用定额[9-30 氯化聚乙烯卷材(CPE) 100m²]定额工程量 1.130(100m²):

人工费:142.38×1.130÷112.95=1.42(元/m²)

材料费:3496.67×1.130÷112.95=34.97(元/m²)

其中定额材料费换算:3055.79+(25-21)×110.220=3496.67(元)

机械费:0　　　风险:0

管理费:(1.42+34.97+0+0)×5.11%=1.86(元/m²)

利　润:(1.42+34.97+0+0+1.86)×3.11%=1.19(元/m²)

综合单价:1.42+34.97+0+0+1.86+1.19=39.44(元/m²)

011406001001	抹灰面油漆	19.25

套用定额[B10-13 防水腻子刷乳胶漆(抹灰面两遍)100m²]定额工程量:1.747(100m²)

人工费:560.00×1.747÷174.72=5.60(元/m²)

材料费:1233.45×1.747÷174.72=12.33(元/m²)

其中定额材料费换算:853.56+(25-11.6)×28.350=1233.45(元)

机械费:0　　　风险:0

管理费:(5.60+12.33+0+0)×3.83%=0.69(元/m²)

利　润:(5.60+12.33+0+0+0.69)×3.37%=0.63(元/m²)

综合单价:5.60+12.33+0+0+0.69+0.63=19.25(元/m²)

3.2.5 分部分项工程和单价措施项目费计算用表

(1)分部分项工程和单价措施项目清单与计价表。

(2)综合单价分析表。

任务3.3 总价措施项目费的计算

3.3.1 总价措施项目的概念

总价措施项目是指清单措施项目中,无工程量计算规则,以"项"为单位,采用规定的计算基数和费率计算总价的项目。例如,"安全文明施工费""二次搬运费""冬雨季施工费"等,都是不能计算工程量,只能计算总价的措施项目。

3.3.2 措施项目费的确定

1.措施项目的确定与增减

措施项目是为工程实体施工服务的,措施项目清单由招标人提供。招标人在编制标底时,措施项目费可按照合理的施工方案和各措施项目费的参考费率及有关规定计算。

投标人在编制报价时,可根据实际施工组织设计采取的具体措施,在招标人提供的措施项目清单的基础上,增加措施项目。对于清单中列出而实际不采用的措施项目则应不填写报价。

总之,措施项目的计列应以实际发生为准。措施项目的大小、数量应根据实际设计确定,不要盲目地扩大或减少,这是估计措施项目费的基础。

2.措施项目费的确定方法

措施项目费用(综合单价)确定的方法有以下几种:

(1)定额法计价。这种方法与分部分项工程综合单价的计算方法一样,就是根据需要消耗的实物工程量与实物单价计算措施费,适用于可以计算工程量的措施项目,主要是指一些与工程实体有紧密联系的项目,如混凝土模板、脚手架、垂直运输等。与分部分项工程不同,并不要求每个措施项目的综合单价必须包含人工费、材料费、机械费、管理费和利润中的每一项。

(2)公式参数法计价。定额模式下几乎所有的措施项目都采用这种办法。有些地区以费用定额的形式体现,就是按一定的基数乘系数的方法或自定义公式进行计算。这种方法主要适用于施工过程中必须发生但在投标时很难具体分析分项预测又无法单独列出项目内容的措施项目,如夜间施工、二次搬运等。

(3)实物量法计价。这种方法是最基本,也是最能反映投标人个别成本的计价方法,是按投标人现在的水平,预测将要发生的每一项费用的合计数,并考虑一定的浮动因数及其他社会环境影响因数。

(4)分包法计价。这是在分包价格的基础上增加投标人的管理费及风险进行计价的方法,这种方法适合可以分包的独立项目,如大型机械进出场及安拆、室内空气污染测试等。

不同的措施项目其特点不同,不同的地区费用确定的方法也不一样,但基本上可归纳为两种:其一,按分部分项工程费中所含各措施项目费的费率确定;其二,按实计算。前一种方法措施项目费中一般已包含管理费和利润等,后一种方法措施项目费应另外考虑管理费、利润的分摊。

3.3.3 总价措施项目费的计算

总价措施项目计价的基本原理是在分部分项清单计价完成后,并且有关费用(其他项目费)已知的前提下进行的。计算方法如下:①编制标底,按参考费率计算或按定额计算;②编制报价,自主计算或按编标底的方法确定。

按参考费率计算的(除安全及文明施工外),每项措施项目应分为人工土方工程、机械土方工程、桩基础工程、一般土建工程和装饰工程等五项计算。以陕西省为例,相关项目的费率计取见表3-20至表3-22。

表3-20 建筑、安装、装饰工程安全文明施工措施费(%)

计费基础	安全文明施工费	环境保护费(含排污)	临时设施费
分部分项工程费＋措施费＋其他项目费	2.60	0.40	0.80

备注:此表中的措施费为不含安全文明施工措施费。

表3-21 建筑工程措施费(以费率计取部分)(%)

适用	计费基础	冬雨季、夜间施工措施费	二次搬运费	测量放线、定位复测、检测试验费
一般土建工程	分部分项工程费减可能发生的差价	0.76	0.34	0.42
机械土石方		0.10	0.06	0.04
桩基工程		0.28	0.28	0.06
人工土石方	人工费	0.86	0.76	0.36

表3-22 装饰工程措施费(以费率计取部分)(%)

计费基础	冬雨季、夜间施工措施费	二次搬运费	测量放线、定位复测、检测试验费
分部分项工程费减可能发生的差价	0.30	0.08	0.15

【例3-8】某办公楼位于西安市雁塔区,经计算,该工程分部分项工程费为135000元,其中人工土石方工程为30000元(人工费18500元),一般土建工程为50000元,装饰工程为55000元。试按招标控制价编制要求计算该工程二次搬运费、冬雨季夜间施工措施费和测量放线、定位复测、检测试验费。

【解】该工程位于西安市,依据2009陕西省计价费率计算。其分析计算结果如表3-23所示,措施项目清单计价结果如表3-24所示。

表 3 - 23　措施项目分析表

工程名称：某小区办公楼　　　　　　　　　　　　　　　　　　　　　　　　专业：土建工程

序号	项目编码	项目名称	单位	数量	计算方法		
					计算基础	费率（%）	合价（元）
1		二次搬运费	项	1	354.60		
	1.1	人工土石方	项	1	人工费 18500	0.76	140.60
	1.2	一般土建	项	1	分部分项工程费 50000	0.34	170.00
	1.3	装饰工程	项	1	分部分项工程费 55000	0.08	44.00
2		冬雨季夜间施工	项	1	704.10		
	2.1	人工土石方	项	1	人工费 18500	0.86	159.10
	2.2	一般土建	项	1	分部分项工程费 50000	0.76	380.00
	2.3	装饰工程	项	1	分部分项工程费 55000	0.30	165.00
3		测量放线、定位复测、检测试验	项	1	359.10		
	3.1	人工土石方	项	1	人工费 18500	0.36	66.60
	3.2	一般土建	项	1	分部分项工程费 50000	0.42	210.00
	3.3	装饰工程	项	1	分部分项工程费 55000	0.15	82.50

表 3 - 24　措施项目清单计价表

工程名称：某小区办公楼　　　　　　　　　　　　　　　　　　　　　　　　专业：土建工程

序号	项目名称	单位	工程数量	综合单价（元）	合价（元）
1	二次搬运费	项	1	354.60	354.60
2	夜间施工 冬、雨季施工	项	1	704.10	704.10
3	测量放线、定位复测、检测试验	项	1	359.10	359.10
	本页合计				1417.80

【例 3 - 9】根据给定条件，使用 2009《陕西省建设工程工程量清单计价规则》、2009《陕西省建设工程工程量清单计价费率》，在下列情况下完成招标最高限价的措施项目清单计价工作（见表 3 - 25）。分部分项目费用为 109298.83 元，其中：人工土方分部分项工程费为 4732.00 元（人工费为 3310.43 元），土建工程分部分项工程费为 67973.30 元，装饰工程分部分项工程费为 36593.53 元，其他项目费为 33767.68 元，按工程量清单计算的措施项目费为 6313.55 元，未列的措施项目均不用考虑。

表 3-25 措施项目清单计价表

序号	项目名称	计量单位	工程数量	综合单价(元)	合价(元)
1	安全文明施工(含环境保护、文明施工、安全施工、临时设施)	项			
2	夜间施工冬、雨季施工	项			
3	二次搬运	项			
4	测量放线、定位复测、检测试验	项			
	本页合计				

【解】根据已知条件,完成措施项目清单计价表(见表 3-26)。

表 3-26 措施项目清单计价表

序号	项目名称	计量单位	工程数量	金额(元)	
				综合单价	合价
1	安全文明施工费(含环境保护、文明施工、安全施工、临时设施)	项	1	5725.57	5725.57
	计算基础:分部分项工程费+措施费+其他项目	项	1	$(109298.83+7606.24+33767.68)\times3.8\%$ $=5725.57$	5725.57
2	冬雨季、夜间施工措施费	项	1	654.85	654.85
2.1	人工土石方 计算基础:人工费	项	1	$3310.43\times0.86\%=28.47$	28.47

续表 3 - 26

序号	项目名称	计量单位	工程数量	金额（元）	
				综合单价	合价
2.2	一般土建工程 计算基础：分部分项工程费减可能发生的差价	项	1	67973.30×0.76％＝516.60	616.60
3	二次搬运费 ·	项	1	285.54	285.54
3.1	人工土石方 计算基础：人工费	项	1	3310.43×0.76％＝25.16	25.16
3.2	一般土建工程 计算基础：分部分项工程费减可能发生的差价	项	1	67973.30×0.34％＝231.11	231.11
3.3	装饰工程 计算基础：分部分项工程费减可能发生的差价	项	1	36593.53×0.08％＝29.27	29.27
4	测量放线、定位复线、检测试验	项	1	352.30	352.30
4.1	人工土石方 计算基础：人工费	项	1	3310.43×0.36％＝11.92	11.92
4.2	一般土建工程 计算基础：分部分项工程费减可能发生的差价	项	1	67973.30×0.42％＝285.49	285.49
4.3	装饰工程 计算基础：分部分项工程费减可能发生的差价	项	1	36593.53×0.15％＝54.89	54.89
5	措施费合计（不含安全文明施工费）	项	1	6313.55＋654.85＋285.51＋352.30＝7606.24	7606.24
	本页合计			5725.57＋7606.24＝13331.81	13331.81

3.3.4 总价措施项目费计算用表

总价措施项目费计算用表为总价措施项目清单与计价表。

任务 3.4 其他项目费的计算

3.4.1 其他项目费的构成

其他项目费由暂列金额、暂估价、计日工、总承包服务费等内容构成。

暂列金额和暂估价由招标人按估算金额确定。招标人在工程量清单中提供的暂估价的材料和专业工程,若属于依法必须招标的,由承包人和招标人共同通过招标确定材料单价与专业工程分包价;若材料不属于依法必须招标的,经发、承包双方协商确认单价后计价;若专业工程不属于依法必须招标的,由发包人、总承包人与分包人按有关计价依据进行计价。

计日工和总承包服务费由承包人根据招标人提出的要求,按估算的费用确定。

在编制招标控制价的时候其他项目费的取费标准如下:

1. 暂列金额

暂列金额可根据工程的复杂程度、设计深度、工程环境条件(包括地质、水文、气候条件等)进行估算,一般可以按照分部分项工程费的 10%～15% 为参考。例如支付工程施工中应业主要求增加 5 樘防盗门的费用共 25000 元。

2. 暂估价

暂估价包括材料暂估价和专业工程暂估价。暂估价中的材料单价应按照工程造价管理机构发布的工程造价信息中的材料单价计算,工程造价信息未发布的材料单价,其单价参考市场价格估算;暂估价中的专业工程暂估价应分不同专业,按有关计价规定估算。

例如,工程需要安装一种新型的断桥铝合金窗,各厂家的报价还不确定,所以在招标工程量清单中暂估为 800 元/m²,在工程实施过程中再由业主和承包商共同商定最终价格。在招标时,智能化工程图纸还没有进行工艺设计,不能准确计算招标控制价。这时就采用专业工程暂估价的方式,给出一笔专业工程的金额。

3. 计日工

计日工包括计日人工、材料和施工机械。在编制招标控制价时,对计日工中的人工单价和施工机械台班单价应按地方行业建设主管部门或其授权的工程造价管理机构公布的单价计算;材料应按工程造价管理机构发布的工程造价信息计算,工程造价信息未发布材料单价的材料,其价格应按市场调查确定的单价计算。

例如,发包人提出了施工图以外的施工便道,给出完成道路的人工、材料、机械台班数量,投标人在报价时自主填上对应的综合单价,计算出人、料、机合价和管理费利润后,汇总成总计。

4. 总承包服务费

编制招标控制价时,总承包服务费应按照省级或行业建设主管部门的规定,并根据招标文件列出的内容和要求估算。在计算时可参考以下标准:

(1)招标人仅要求对分包的专业工程进行总承包管理和协调时,按分包的专业工程估算造价的 1.5% 计算;

(2)招标人要求对分包的专业工程进行总承包管理和协调,并同时要求提供配合服务时,根据招标文件中列出的配合服务内容和提出的要求,按分包的专业工程估算造价的 3%～5% 计算;

(3)招标人自行供应材料的,按招标人供应材料价值的 1% 计算。

【例 3-10】某小区办公楼位于西安市雁塔区,其他项目清单及计日工表如表 3-27 和 3-28 所示,招标人对基础工程(其估算造价约为 17000 元)进行分包,建设单位对分包的基础工程进行总承包管理和协调,其总承包服务费按分包的专业工程估算造价的 1.5% 计算。管理费按 5% 计取,利润按 3% 计取。试编制其他项目清单及计日工计价表。

表 3 - 27　其他项目清单

工程名称:某小区办公楼　　　　　　　　　　　　　　　　　专业:土建工程

序号	项目名称	计量单位	工程数量
1	暂列金额	元	25000.00
2	专业工程暂估价	元	10000.00
3	总承包服务费	项	1
4	计日工	项	1

表 3 - 28　计日工表

工程名称:某小区办公楼　　　　　　　　　　　　　　　　　专业:土建工程

序号	项目名称	计量单位	暂定工程量
1	以人工列项		
1.1	综合工人	工日	55
2	以材料列项		
2.1	红砖	千块	30
2.2	净砂	m³	5
2.3	2～4mm 砾石	m³	5

【解】(1)暂列金额和专业工程暂估价按清单项目中所列金额进行计算。

暂估价＝25000.00(元)

专业工程暂估价＝10000.00(元)

(2)计算总承包服务费。

总承包服务费＝17000.00×1.5％＝255.00(元)

(3)计日工计价表计算。

人工工日综合单价＝42×(1＋5％)×(1＋3％)＝45.42(元)

红砖综合单价＝230×(1＋5％)×(1＋3％)＝248.75(元)

净砂综合单价＝40.37×(1＋5％)×(1＋3％)＝43.66(元)

2～4 砾石综合单价＝53.94×(1＋5％)×(1＋3％)＝58.34(元)

其他项目清单计价表及计日工计价表分别见表 3-29 和表 3-30。

表 3 - 29　其他项目清单计价表

工程名称:某小区办公楼　　　　　　　　　　　　　　　　　专业:土建工程

序号	项目名称	计量单位	金额(元)
1	暂列金额	元	25000.00
2	专业工程材料及设备暂估价	元	10000.00
3	总承包服务费	项	255.00
4	计日工	项	10470.60
合　　　计			45725.60

表 3-30　计日工计价表

工程名称：某小区办公楼　　　　　　　　　　　　　　　　　专业：土建工程

序号	名称	计量单位	工程数量	金额（元）	
				综合单价	合价
1	人工	工日	55	45.42	2498.10
	小计				2498.10
2	材料				
2.1	红砖	千块	30	248.75	7462.50
2.2	净砂	m³	5	43.66	218.30
2.3	2～4mm 砾石	m³	5	58.34	291.70
	小计				7972.50
	合　计			10470.60	

3.4.2　其他项目费计算用表

（1）其他项目清单与计价表。

（2）暂列金额明细表。

（3）材料（工程设备）暂估价及调整表。

（4）专业工程暂估价及结算价表。

（5）计日工表。

（6）总承包服务费。

任务 3.5　规费、税金的计算

3.5.1　规费项目计算

1.规费的概念

规费是指根据国家法律、法规规定，由省级政府有关权力部门规定施工企业必须缴纳的，应计入建筑安装造价的费用，不得作为竞争性的费用。

地方有关权力部门主要指省级建设行政主管部门——省住房和城乡建设厅。

2.规费的内容

（1）社会保险费。

社会保险费包括养老保险费、失业保险费、医疗保险费、工伤保险费和生育保险费。

2011 年 7 月 1 日起施行的《中华人民共和国社会保险法》指出：国家建立基本养老保险、基本医疗保险、工伤保险、失业保险、生育保险等社会保险制度，保障公民在年老、疾病、工伤、失业、生育情况下依法从国家和社会获得物质帮助的权利。

2011 年 4 月 22 日第十一届全国人民代表大会常务委员会第二十次会议《关于修改〈中华人民共和国建筑法〉的决定》，修改后的第四十八条规定："建筑施工企业应当依法为职工参加工伤保险缴纳工伤保险费。鼓励企业为从事危险作业的职工办理意外伤害保险，支付保险费。"

（2）住房公积金。

住房公积金是指国家机关、国有企业、城镇集体企业、外商投资企业、城镇私营企业及其他城镇企业、事业单位、民办非企业单位、社会团体及其在职职工缴存的长期住房储金。

住房公积金制度实际上是一种住房保障制度，是住房分配货币化的一种形式。住房公积金制度是国家法律规定的重要住房社会保障制度，具有强制性、互助性、保障性。单位和职工个人必须依法履行缴存住房公积金的义务。职工个人缴存的住房公积金以及单位为其缴存的住房公积金，实行专户储存归职工个人所有。

（3）工程排污费。

《建筑安装工程费用项目组成》规定：工程排污费是指按规定缴纳的施工现场工程排污费。

向环境排放废水、废气、噪声、固体废物等污染物的一切企业、事业单位、个体工商户等必须按规定向地方缴纳工程排污费。建筑行业涉及的排污费有噪声超标排污费。

施工单位建筑排污费有三种计算方法：①按工程面积计算；②按监测数据超标计算；③按施工期限计算。

3.规费计算方法

计算规费需要两个条件：一是计算基础；二是费率。

计算方法是：

$$规费 ＝ 计算基础 × 费率$$

计算基础和费率一般由各省、市、自治区规定，通常是以工程项目的定额直接费为规费的计算基数然后乘以规定的费率。即：

$$×× 规费 ＝ 分部分项工程和单价措施项目定额直接费 × 对应费率$$

一些地区将规费费率按企业等级进行核定，各个企业等级的规费费率是不同的。

3.5.2 税金项目计算

1.税金的概念

税金是指国家税法规定的，应计入建筑安装工程造价内的增值税、城市维护建设税、教育费附加和地方教育附加。

2.税金计算方法

增值税是以商品（含应税劳务）在流转过程中产生的增值额作为计税依据而征收的一种流转税。从计税原理上说，增值税是对商品生产、流通、劳务服务中多个环节的新增价值或商品的附加值征收的一种流转税。实行价外税，也就是由消费者负担，有增值才征税没增值不征税。

财政部和国家税务总局发布《关于简并增值税税率有关政策的通知》，2017年7月1日起，简并增值税税率结构，取消13%的增值税税率，并明确了适用11%税率的货物范围和抵扣进项税额规定。从2018年5月1日起，将制造业等行业增值税税率从17%降至16%，将交通运输、建筑、基础电信服务等行业及农产品等货物的增值税税率从11%降至10%。

营业税改增值税后，以陕西省增值税为例，税金包含增值税销项税额和附加税。

$$增值税销项税额 ＝ 税前工程造价 × 10\%$$

$$附加税 ＝ （分部分项工程费 ＋ 措施项目费 ＋ 其他项目费 ＋ 规费） × 税率$$

附加税指城市维护建设税、教育费附加、地方教育费附加三项，税率如表3-31所示。

表 3-31 附加税税率

序号	工程项目	税率(%)
1	纳税地点在市区	0.48
2	纳税地点在县城、镇	0.41
3	纳税地点在市区、县城、镇以外	0.28

3.5.3 陕西省规费与税金的计算

规费和税金应按国家或省级、行业建设主管部门的规定计算,不得作为竞争性费用。每一项规费和税金的规定文件中,对其计算方法都有明确的说明,故可以按各项法规和规定的计算方式计取。具体计算时,一般按国家及有关部门规定的计算公式和费率标准进行计算(以陕西为例见表 3-32)。

表 3-32 规费(不分专业)(%)

计费基础	养老保险(劳保统筹基金)	失业保险	医疗保险	工伤保险	残疾人就业保险	生育保险	住房公积金	意外伤害保险
分部分项工程费+措施费+其他项目费	3.55	0.15	0.45	0.07	0.04	0.04	0.30	0.07

【例 3-11】某小区办公楼位于西安市雁塔区,经计算该工程分部分项工程费为 135000 元,措施项目费(不含安全及文明施工措施费)为 20750 元,其他项目费为 7648 元,试按招标控制价的编制要求计算该项目的安全及文明施工措施费、规费、税金及含税工程造价。

【解】由于该工程位于西安市区,依据 2009 年陕西省计价费率,其安全及文明施工措施费、规费和税金的计算过程见表 3-33 所示。

表 3-33 规费、税金项目清单计价表

工程名称:某小区办公楼　　　　　　　　　　　　　　　　　　　专业:土建工程

序号	项目名称	计算基础	费率(%)	金额(元)
一	安全及文明施工措施费	分部分项工程费+措施项目费(不含安全及文明措施费)+其他项目费	3.8	6209.12
1	安全文明施工费	135000+20750+7648=163398.00	2.6	4248.348
2	环境保护费	169607.12	0.4	653.592
3	临时设施费	169607.12	0.8	1307.184
二	规费	分部分项工程费+措施项目费(含安全及文明措施费)+其他项目费	4.67	7920.65
1	社会保障费	135000+20750+6209.12+7648=169607.12	4.3	7293.11
1.1	养老保险	169607.12	3.55	6021.05
1.2	失业保险	169607.12	0.15	254.41

续表 3-33

序号	项目名称	计算基础	费率(%)	金额(元)
1.3	医疗保险	169607.12	0.45	763.23
1.4	工伤保险	169607.12	0.07	118.72
1.5	残疾人就业保险	169607.12	0.04	67.84
1.5	女工生育保险	169607.12	0.04	67.84
2	住房公积金	169607.12	0.30	508.82
3	危险作业意外伤害保险	169607.12	0.07	118.72
三	税金	不含税工程造价:177527.77	3.41	6053.70
	含税工程造价	177527.77+6053.70		183581.47

【例 3-12】根据给西安市区某工程项目业主通过工程量清单招标方式确定某投标人为中标人,并与其签订了工程承包合同,工期四个月。有关工程价款条款如下:

(1)分部分项工程量清单中只有一个清单项目,工程量为 3500m³,清单报价中综合单价为 180 元/m³。

(2)措施项目费用:①安全文明施工措施费按规定计取;②除安全文明施工措施费外的措施费用 20000 元。

(3)其他项目费用为 6000 元。

(4)安全文明施工措施费、规费和税金按 2009 年《陕西省建设工程工程量清单计价费率》计算。

【解】计算过程如下:

(1)分部分项工程费用:3500×180=630000(元)

(2)措施项目费:20000+(20000+630000+6000)×3.8%=44928.00(元)

(3)其他项目费:6000(元)

(4)规费:(630000+44928+6000)×4.67%=31799.34(元)

(5)税金:(630000+44928+6000+31799.34)×3.41%=24304.00(元)

合同总价:630000+44928+6000+31799.34+24304.00=737031.34(元)

3.5.4　规费、税金计算用表

规费、税金计算用表为规费、税金项目清单与计价表。

复习思考题

1. 判断题

(1)在劳动定额中未包括,而在一般正常施工条件下不可避免的,但又无法计量的用工,在预算定额人工消耗指标中称为零星用工。　　　　　　　　　　　　　　　　　　(　　)

(2)结算时总承包服务费应依据合同约定金额计算,如发生调整的,以发、承包双方确认调整的金额计算;暂列金额应减去工程价款调整与索赔、现场签证金额计算,如有余额归发包人。
　　　　　　　　　　　　　　　　　　　　　　　　　　　　　　　　　　(　　)

(3)2009 年《陕西省建设工程工程量清单计价规则》4.1.6 规定:措施项目清单中的安全文明施工措施费为不可竞争费用。虽然该条款是强制条款,但是,招标最高限价计算出的安全文

明施工措施费用与投标报价计算出的安全文明施工措施费用是不可能相同的。　　（　　）

（4）现行建设工程项目总费用是由工程费用、工程建设其他费用、预备费及专项费四部分构成。工程监理费包括在工程建设其他费用中。　　（　　）

（5）材料价格有三种来源渠道，甲供材料、甲方暂定单价材料、施工单位自主报价材料，不管哪一种方式的材料，其单价均包括了原价（或供应价）、运杂费、运输损耗和采购保管费。

（　　）

（6）总承包服务费是指为配合协调业主进行的工程分包和材料采购所需的费用。（　　）

（7）实行招标的工程，合同约定不得违背招、投标文件中关于工期、造价、质量等方面的实质性内容。招标文件与中标人投标文件不一致的地方，以投标文件为准。　　（　　）

（8）若施工中出现施工图纸与工程量清单项目特征描述不符的，由承包人按新的项目特征提出综合单价，发包人确认。　　（　　）

2. 单项选择题

（1）建筑施工图是采用正投影的原理绘制的，它用于表示房屋的（　　）等情况，是房屋施工、编制施工图预算及施工组织设计的主要技术依据。

A.总体布局　　B.外部造型　　C.内部布置　　D.内外装修

（2）关于建设工程定额水平以下说法正确的是（　　）。

A.定额水平是为完成单位合格产品由定额规定的各种资源消耗应达到的一个费用标准。

B.定额水平是衡量定额消耗量高低的指标。砌 $1m^3$ 砖墙，消耗的工日数量越多，定额水平越低。

C.劳动定额的编制应遵循平均先进的原则，一般来说应低于先进水平，而略高于平均水平。

D.消耗量定额是在社会平均水平的基础上编制的，是编制施工图预算的依据。

（3）以下有关定额编制和应用计算正确的是（　　）。

A.某工程有 $185m^3$ 一砖厚外墙，每天有 15 名专业工人投入施工，时间定额为 0.85 工日/m^3，完成该项工程的定额施工天数是 14.5 天。

B.标准砖 240 墙每立方米砖砌体中砖的净用量为 529.1 块，砌筑砂浆的消耗量是 $0.226m^3$（砂浆的损耗率是 1%）。

C.某挖掘机挖土的台班产量为 $400m^3$，装车小组 2 人，人工的时间定额为 0.5 工日/$100m^3$。

D.西安市某工程地基处理采用 2∶8 灰土整片铺设，压实后灰土的体积为 $1000m^3$，黄土全部外购，其外购的数量是 $976m^3$。

（4）关于生产要素单价（费用），以下说法或计算正确的是（　　）。

A.人工费是指直接从事建筑安装工程施工的生产工人开支的各项费用。人工费中不包括材料保管员、机械操作员、材料存放装卸工的工人工资。

B.已知某材料运到现场仓库后的价格为 1200 元，运输损耗费为 100 元，采购及保管费率为 2.2%，则该材料采购及保管费为 28.6 元。

C.机械台班单价又称为机械台班使用费，是指某种机械在一个台班内，为了正常运转所必须支出和分摊的各项费用。

D.编制最高限价和报价时，要素单价的确定有所区别。招标文件要求投标人自主报价的材料、设备单价可按当期市场价格水平适当浮动,但不得过低(高)于市场价格水平。

(5)关于建筑安装工程费用组成,以下说法不正确的是(   )。

A.分部分项工程费用由直接工程费、企业管理费和利润组成。

B.措施费是指为完成工程项目施工,发生于该工程施工前和施工过程中非工程实体项目的费用,如中小型机械安拆费及场外运费。

C.其他项目费由暂列金额、专业工程暂估价、计日工和总包服务费等组成。其中暂估价是指招标人在工程量清单中提供的拟另行分包专业工程的金额。

D.规费是指国家、省级有关主管部门规定必须缴纳的,应计入建筑安装工程的费用,其中包括了教育附加费。

(6)墙面抹灰包括一般抹灰和装饰抹灰。其工程量按设计图示尺寸以面积计算,计算面积时下列说法不正确的是(   )。

A.扣除墙裙、门窗洞口及孔洞的面积

B.扣除踢脚线、挂镜线、墙与构件交接处的面积

C.不增加门窗洞口和孔洞的侧壁及顶面的面积

D.附墙柱、垛抹灰并入相应的墙面面积内

(7)有关垂直运输和超高降效工程,下列叙述正确的是(   )。

A.编制清单时,列入措施项目,可以按一项编制,也可以按具体数量编制。

B.垂直运输定额是以建筑物的檐高和层数两个指标界定的,套用定额时两个指标必须同时达到。

C.建筑物垂直运输定额按建筑面积以 m^2 计算工程量。

D.建筑物人工、机械超高降效定额按建筑面积以 m^2 计算工程量。

(8)关于工程量清单的编制和作用,以下说法正确的是(   )。

A.工程量清单是招标文件的组成部分,是工程计价的依据,也是支付进度款、调整合同价款以及工程索赔等的依据。

B.工程量清单由分部分项工程量清单、措施项目清单和其他项目清单三部分组成。

C.分部分项工程量清单应包括项目编码、项目名称、计量单位和工程数量。

D.措施项目清单中的安全文明施工包含了环境保护、文明施工、安全施工和临时设施。

(9)工程量清单计价是一种计价模式与方法,关于工程量清单计价方法,以下说法不正确的是(   )。

A.工程量清单计价方法可以编制设计概算、施工图预算和竣工结算等全过程计价文件。

B.工程量清单计价必须采用综合单价计价,综合单价包括了人工费、材料费、机械费、管理费、利润和风险费用等六项费用。

C.依法必须招标的工程建设项目,应采用工程量清单计价。依法可不招标的工程建设项目,也可以采用工程量清单计价。

D.招标人在工程量清单中提供了材料、设备暂估单价的,其单价应计入分部分项工程量清单项目的综合单价内。

(10)某单位在投标报价时,采用在总价基本确定后,调整内部各个项目的报价以达到既不提高总价,不影响中标,又能在结算时得到更理想的经济效益的目的,这种报价策略称为(   )。

A.多方案报价法　　B.突然降价法　　C.平衡报价法　　D.不平衡报价法

3. 简答题

(1)什么是工程量清单计价?

(2)一份完整的工程量清单计价应包括哪些内容?

(3)安全文明施工费在编制投标报价时如何计取费率?

(4)规费的计费基础是什么? 税金的税率是如何确定的?

项目 4 招投标报价编制案例

 项目描述

　　本项目详细介绍了招标控制价和投标报价的编制办法、流程及编制依据。以 2009 年《陕西省建设工程工程量清单计价规则》为依据,通过一个防寒小屋工程,完整地呈现了招标控制价的编制过程。

拟实现的教学目标

- 熟悉招标控制价的编制办法、内容及编制依据;
- 熟悉投标报价的编制办法、内容及编制依据;
- 掌握防寒小屋工程工程量清单的编制;
- 掌握防寒小屋招标控制价的编制过程。

任务 4.1 招标控制价编制办法

4.1.1 招标控制价的概念

　　招标控制价是招标人根据国家以及当地有关规定的计价依据和计价办法、招标文件、市场行情,并按工程项目设计施工图纸等具体条件调整编制的,对招标工程项目限定的最高工程造价,也可称其为拦标价、预算控制价或最高报价等。

　　招标控制价是《建设工程工程量清单计价规范》修订中新增的专业术语。对于招标控制价及其规定,应注意从以下几方面理解:

　　国有资金投资的工程建设项目实行工程量清单招标,并应编制招标控制价。根据《中华人民共和国招标投标法》的规定,国有资金投资的工程项目进行招标,招标人可以设标底。当招标人不设标底时,为有利于客观、合理地评审投标报价和避免哄抬标价造成国有资产流失,招标人应编制招标控制价,作为招标人能够接受的最高交易价格。

　　招标控制价超过批准的概算时,招标人应将其报原概算审批部门审核。因为我国对国有资金投资项目实行的是投资概算审批制度,国有资金投资的工程项目原则上不能超过批准的投资概算。

　　投标人的投标报价高于招标控制价的,其投标应予以拒绝。国有资金投资的工程项目,招标人编制并公布的招标控制价相当于招标人的采购预算,同时要求其不能超过批准的概算,因此,招标控制价是招标人在工程招标时能接受投标人报价的最高限价,投标人的投标报价不能高于招标控制价,否则,其投标将被拒绝。

　　招标控制价应由具有编制能力的招标人或受其委托具有相应资质的工程造价咨询人编

制。工程造价咨询人不得同时接受招标人和投标人对同一工程的招标控制价和投标报价的编制。

招标控制价应在招标文件中公布,不应上调或下浮,招标人应将招标控制价及有关资料报送工程所在地工程造价管理机构备查。招标控制价的作用决定了招标控制价不同于标底,无需保密。为体现招标的公平、公正,防止招标人有意抬高或压低工程造价,招标人应在招标文件中如实公布招标控制价各组成部分的详细内容,不得对所编制的招标控制价进行上浮或下调。

投标人经复核认为招标人公布的招标控制价未按照《建设工程工程量清单计价规范》的规定进行编制的,应在开标前 5 日向招投标监督机构或工程造价管理机构投诉。招标投标监督机构应会同工程造价管理机构对投诉进行处理,发现确有错误的,应责成招标人修改。

4.1.2 招标控制价的计价依据

招标控制价应按下列依据编制:

(1)《建设工程工程量清单计价规范》(GB 50500—2013);

(2)国家或省级、行业建设主管部门颁发的计价定额和计价办法;

(3)建设工程设计文件及相关资料;

(4)招标文件中的工程量清单及有关要求;

(5)与建设项目相关的标准、规范、技术资料;

(6)工程造价管理机构发布的工程造价信息,工程造价信息没有发布的参照市场价;

(7)其他的相关资料。

4.1.3 招标控制价的编制内容

采用工程量清单计价时,招标控制价的编制内容包括分部分项工程费、措施项目费、其他项目费、规费和税金。

1.分部分项工程费的编制

分部分项工程费采用综合单价的方法编制。采用的分部分项工程量应是招标文件中工程量清单提供的工程量;综合单价应根据招标文件中的分部分项工程量清单的特征描述及有关要求、行业建设主管部门颁发的计价定额和计价办法等编制依据进行编制。

为使招标控制价与投标报价所包含的内容一致,综合单价中应包括招标文件中招标人要求投标人承担的风险内容及其范围(幅度)产生的风险费用,可以风险费率的形式进行计算。招标文件提供了暂估单价的材料,应按暂估单价计入综合单价。

2.措施项目费的编制

措施项目费应依据招标文件中提供的措施项目清单和拟建工程项目的施工组织设计进行确定。可以计算工程量的措施项目,应按分部分项工程量清单的方式采用综合单价计价;其余的措施项目可以以"项"为单位的方式计价,应包括除规费、税金外的全部费用。措施项目费中的安全文明施工费应当按照国家或地方行业建设主管部门的规定标准计价。

3.其他项目费的编制

在编制招标控制价时其他项目费的取费标准如下:

(1)暂列金额。

暂列金额可根据工程的复杂程度、设计深度、工程环境条件(包括地质、水文、气候条件等)

进行估算,一般可以按照分部分项工程费的 10%～15% 为参考。

(2)暂估价。

暂估价包括材料暂估价和专业工程暂估价。暂估价中的材料单价应按照工程造价管理机构发布的工程造价信息中的材料单价计算,工程造价信息未发布的材料单价,其单价参考市场价格估算;暂估价中的专业工程暂估价应分不同专业,按有关计价规定估算。

(3)计日工。

计日工包括计日人工、材料和施工机械。在编制招标控制价时,对计日工中的人工单价和施工机械台班单价应按地方行业建设主管部门或其授权的工程造价管理机构公布的单价计算;材料应按工程造价管理机构发布的工程造价信息计算,工程造价信息未发布材料单价的材料,其价格应按市场调查确定的单价计算。

(4)总承包服务费。

编制招标控制价时,总承包服务费应按照省级或行业建设主管部门的规定,并根据招标文件列出的内容和要求估算。在计算时可参考以下标准:

①招标人仅要求对分包的专业工程进行总承包管理和协调时,按分包的专业工程估算造价的 1.5% 计算;

②招标人要求对分包的专业工程进行总承包管理和协调,并同时要求提供配合服务时,根据招标文件中列出的配合服务内容和提出的要求,按分包的专业工程估算造价的 3%～5% 计算;

③招标人自行供应材料的,按招标人供应材料价值的 1% 计算。

4. 规费和税金的编制

规费和税金必须按国家或省级、行业建设主管部门规定的标准计算,不得作为竞争性费用。

4.1.4 编制招标控制价应注意的问题

招标控制价编制的表格格式等应执行《建设工程工程量清单计价规范》(GB 50500—2013)的有关规定。

一般情况下,编制招标控制价,采用的材料价格应是工程造价管理机构通过工程造价信息发布的材料单价,工程造价信息未发布材料单价的材料,其材料价格应通过市场调查确定。另外,未采用工程造价管理机构发布的工程造价信息时,需在招标文件或答疑补充文件中对招标控制价采用的与造价信息不一致的市场价格予以说明,采用的市场价格则应通过调查、分析确定,有可靠的信息来源。

施工机械设备的选型直接关系到基价综合单价水平,应根据工程项目特点和施工条件,本着经济实用、先进高效的原则确定。

应该正确、全面地使用行业和地方的计价定额以及相关文件。

不可竞争的措施项目和规费、税金等费用的计算均属于强制性条款,编制招标控制价时应该按国家有关规定计算。

不同工程项目、不同施工单位会有不同的施工组织方法,所发生的措施费也会有所不同。因此,对于竞争性的措施费用的编制,应该首先编制施工组织设计或施工方案,然后依据专家论证后的施工方案,合理地确定措施项目与费用。

4.1.5　招标控制价的编制程序

编制招标控制价时应当遵循如下程序：

(1)了解编制要求与范围；

(2)熟悉工程图纸及有关设计文件；

(3)熟悉与建设工程项目有关的标准、规范、技术资料；

(4)熟悉拟订的招标文件及其补充通知、答疑纪要等；

(5)了解施工现场情况、工程特点；

(6)熟悉工程量清单；

(7)掌握工程量清单涉及计价要素的信息价格和市场价格，依据招标文件确定其价格；

(8)进行分部分项工程量清单计价；

(9)论证并拟定常规的施工组织设计或施工方案；

(10)进行措施项目工程量清单计价；

(11)进行其他项目、规费项目、税金项目清单计价；

(12)工程造价汇总、分析、审核；

(13)成果文件签认、盖章；

(14)提交成果文件。

任务 4.2　投标报价编制办法

4.2.1　投标报价的概念

《建设工程工程量清单计价规范》规定，投标价是投标人参与工程项目投标时报出的工程造价，是投标人投标时响应招标文件要求所报出的已标价工程量清单汇总后标明的总价。即投标价是指在工程招标发包过程中，由投标人或受其委托具有相应资质的工程造价咨询人按照招标文件的要求以及有关计价规定，依据发包人提供的工程量清单、施工设计图纸，结合工程项目特点、施工现场情况及企业自身的施工技术、装备和管理水平等，自主确定的工程造价。

建筑安装工程招投标中，招标人一般指业主，投标人一般指施工企业、施工监理企业、建筑安装设计企业等。

投标价是投标人希望达成工程承包交易的期望价格，但不能高于招标人设定的招标控制价。投标报价的编制是指投标人对拟承建工程项目所要发生的各种费用的计算过程。作为投标计算的必要条件，应预先确定施工方案和施工进度，此外，投标计算还必须与采用的合同形式相一致。

已标价工程量清单是指投标人响应招标文件，根据招标工程量清单，自主填报各部分价格，具有分部分项工程及单价措施项目费、总价措施项目费、其他项目费、规费和税金的工程量清单。将全部费用汇总后的总价，就是投标价。

应该指出，已标价工程量清单具有"单独性"的特点。即每个投标人的投标价是不同的，是与其他企业的投标价是没有关系的，是单独出现的。因此，各投标价在投标中具有"唯一性"的特征。

4.2.2 投标价的编制原则

报价是投标的关键性工作,报价是否合理直接关系到投标工作的成败。工程量清单计价下编制投标报价的原则如下:

投标报价由投标人自主确定,但必须执行《建设工程工程量清单计价规范》的强制性规定。投标价应由投标人或受其委托,具有相应资质的工程造价咨询人编制。

投标人的投标报价不得低于成本。《中华人民共和国招标投标法》中规定:"中标人的投标应当符合下列条件:(一)能够最大限度地满足招标文件中规定的各项综合评价标准;(二)能够满足招标文件的实质性要求,并且经评审的投标价格最低;但是投标价格低于成本的除外。""评标委员会经评审,认为所有投标都不符合招标文件要求的,可以否决所有投标。依法必须进行招标的项目的所有投标被否决的,招标人应当依照本法重新招标。"《评标委员会和评标方法暂行规定》中规定:"在评标过程中,评标委员会发现投标人的报价明显低于其他投标报价或者在设有标底时明显低于标底,使得其投标报价可能低于其个别成本的,应当要求该投标人作出书面说明并提供相关证明材料。投标人不能合理说明或者不能提供相关证明材料的,由评标委员会认定该投标人以低于成本报价竞标,应当否决其投标。"上述法律法规的规定,特别要求投标人的投标报价不得低于成本。

按招标人提供的工程量清单填报价格。实行工程量清单招标,招标人在招标文件中提供工程量清单,其目的是使各投标人在投标报价中具有共同的竞争平台。因此,为避免出现差错,要求投标人应按招标人提供的工程量清单填报投标价格,填写的项目编码、项目名称、项目特征、计量单位、工程量必须与招标人提供的一致。

投标报价要以招标文件中设定的承发包双方责任划分,作为设定投标报价费用项目和费用计算的基础。承发包双方的责任划分不同,会导致合同风险分摊不同,从而导致投标人报价不同;不同的工程承发包模式会直接影响工程项目投标报价的费用内容和计算深度。

应该以施工方案、技术措施等作为投标报价计算的基本条件。企业定额反映企业技术和管理水平,是计算人工、材料和机械台班消耗量的基本依据;更要充分利用现场考察、调研成果、市场价格信息和行情资料等编制基础标价。

报价计算方法要科学严谨,简明适用。

4.2.3 投标价编制依据及作用

(1)《建设工程工程量清单计价规范》(GB 50500—2013)。

例如,投标报价中的措施项目划分为"单价项目"与"总价项目"两类是《建设工程工程量清单计价规范》(GB 50500—2013)第"5.2.3"、"5.2.4"条文规定的。

(2)国家或省级、行业建设主管部门颁发的计价办法。

例如,投标报价的费用项目组成就是根据《建筑安装工程费用项目组成》确定的。

(3)企业定额,国家或省级、行业建设主管部门颁发的计价定额和计价办法。

2003年、2008年和2013年清单计价都规定了企业定额是编制投标报价的依据,虽然各地区没有具体实施,但指出了根据企业定额自主报价是投标报价的方向。每个省(直辖市、自治区)的工程造价行政主管部门都颁发了本地区组织编写的计价定额,它是投标报价的依据。计价定额是对建筑工程预算定额、建筑工程消耗量定额、建筑工程计价定额、建筑工程单价估价表、建筑工程清单计价定额的统称。

由于有些费用计算具有地区性,每个地区要颁发一些计价办法。例如,有的地区颁发了工程排污费、安全文明施工等的计价办法。

(4)招标文件、招标工程量清单及其补充通知、答疑纪要。

招标文件中对于工期的要求、采用计价定额的要求、暂估工程的范围等都是编制投标报价的依据。

编制投标报价必须依据招标工程量清单才能编制出综合单价和计算各项费用,是投标报价的核心依据。

补充通知和答疑纪要的工程量、价格等内容都要影响投标报价,所以也是重要编制依据。

(5)建设工程设计文件和相关资料。

建设工程设计文件是指建筑、装饰、安装施工图。

相关资料指各种标准图等。例如,11G101-1《混凝土结构施工图平面整体表示方法制图规则和构造详图》就是计算工程量的依据。

(6)施工现场情况、工程特点及投标时拟定的施工组织设计或施工方案。

例如,编制投标报价时要根据施工组织设计或施工方案,确定挖基础土方是否需要增加工作面和放坡、挖出的土堆放在什么地点、多余的土方运距几公里等,然后才能确定工程量和工程费用。

(7)与建设项目相关的标准、规范等技术资料。

例如,住建部发布的《全国统一建筑安装工程工期定额》就是与建设项目相关的标准。

(8)市场价格信息或工程造价管理机构发布的工程造价信息。

(9)其他的相关材料。

4.2.4 投标价的编制内容

在编制投标报价之前,需要先对清单工程量进行复核。因为工程量清单中的各分部分项工程量并不十分准确,若设计深度不够则可能有较大的误差,而工程量的多少是选择施工方法、安排人力和机械、准备材料必须考虑的因素,自然也影响分项工程的单价,因此一定要对工程量进行复核。

投标报价的编制过程,应首先根据招标人提供的工程量清单编制分部分项工程量清单计价表、措施项目清单计价表、其他项目清单计价表,以及规费、税金项目清单计价表,计算完毕后汇总而得到单位工程投标报价汇总表,再层层汇总,分别得出单项工程投标报价汇总表和工程项目投标总价汇总表。工程项目投标报价的编制过程,如图 4-1 所示。

1.分部分项工程费报价

投标人应按招标人提供的工程量清单填报价格,填写的项目编码、项目名称、项目特征、计量单位、工程量必须与招标人提供的一致。编制分部分项工程量清单与计价表的核心是确定综合单价。综合单价的确定方法与招标控制价中综合单价的确定方法相同,但确定的依据有所差异,主要体现在:

(1)工程量清单项目特征描述。

工程量清单项目特征的描述决定了清单项目的实质,直接决定了工程的价值,是投标人确定综合单价最重要的依据。在招投标过程中,若出现招标文件中分部分项工程量清单特征描述与设计图纸不符,投标人应以分部分项工程量清单的项目特征描述为准,确定投标报价的综合单价;如施工图纸或设计变更与工程量清单项目特征描述不一致时,发、承包双方应按实际

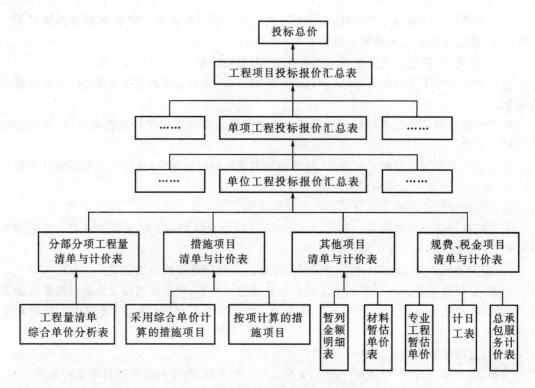

图 4-1 工程量清单投标报价流程

施工的项目特征,依据合同约定重新确定综合单价。

(2)企业定额。

企业定额是施工企业根据本企业具有的管理水平、施工技术和施工机械装备水平而编制的,完成一个规定计量单位的工程项目所需的人工、材料、施工机械台班的消耗标准,是施工企业内部进行施工管理的标准,也是施工企业投标报价确定综合单价的依据之一。投标企业没有企业定额时可根据企业自身情况参照消耗量定额进行调整。

(3)资源可获取价格。

综合单价中的人工费、材料费、机械费是以企业定额的人、料、机消耗量乘以人、料、机的实际价格得出的,因此投标人拟投入的人、料、机等资源的可获取价格直接影响综合单价的高低。

(4)企业管理费费率、利润率。

企业管理费费率可由投标人根据本企业近年的企业管理费核算数据自行测定,当然也可以参照当地造价管理部门发布的平均参考值。

利润率可由投标人根据本企业当前盈利情况、施工水平、拟投标工程的竞争情况以及企业当前经营策略自主确定。

(5)风险费用。

招标文件中要求投标人承担的风险费用,投标人应在综合单价中给予考虑,通常以风险费率的形式进行计算。风险费率的测算应根据招标人要求结合投标企业当前风险控制水平进行定量测算。在施工过程中,当出现的风险内容及其范围(幅度)在招标文件规定的范围(幅度)内时,综合单价不得变动,工程款不作调整。

(6)材料暂估价。

招标文件中提供了暂估单价的材料,按暂估的单价计入综合单价。

2.措施项目费报价

投标人可根据工程项目实际情况以及施工组织设计或施工方案,自主确定措施项目费。招标人在招标文件中列出的措施项目清单是根据一般情况确定的,没有考虑不同投标人的具体情况。因此,投标人投标报价时应根据自身拥有的施工装备、技术水平和采用的施工方法确定措施项目,对招标人所列的措施项目进行调整。

措施项目费的计价方式,应根据《建设工程工程量清单计价规范》的规定,可以计算工程量的措施项目采用综合单价方式计价;其余的措施项目采用以"项"为计量单位的方式计价,应包括除规费、税金外的全部费用。措施项目费由投标人自主确定,但其中安全文明施工费应按国家或省级、行业建设主管部门的规定确定。

3.其他项目费报价

投标报价时,投标人对其他项目费应遵循以下原则:暂列金额应按照其他项目清单中列出的金额填写,不得变动。

暂估价不得变动和更改。暂估价中的材料暂估价必须按照招标人提供的暂估单价计入分部分项工程费用中的综合单价;专业工程暂估价必须按照招标人提供的其他项目清单中列出的金额填写。

计日工应按照其他项目清单列出的项目和估算的数量,自主确定各项综合单价并计算费用。

总承包服务费应根据招标人在招标文件中列出的分包专业工程内容、供应材料和设备情况,由投标人按照招标人提出的协调、配合与服务要求以及施工现场管理需要自主确定。

4.规费和税金报价

规费和税金应按国家或省级、行业建设主管部门规定计算,不得作为竞争性费用。

5.投标价的汇总

投标人的投标总价应当与组成工程量清单的分部分项工程费、措施项目费、其他项目费和规费、税金的合计金额相一致,即投标人在进行工程项目工程量清单招标的投标报价时,不能进行投标总价优惠(或降价、让利),投标人对投标报价的任何优惠均应反映在相应清单项目的综合单价中。

4.2.5 投标报价编制步骤

我们可以采用从得到"投标报价"结果后倒推计算费用的思路来描述投标报价的编制步骤,投标报价由规费和税金、其他项目费、总价措施项目费、分部分项工程和单价措施项目费构成。

税金是根据规费、其他项目费、总价措施项目费、分部分项工程费和单价措施项目费之和乘以综合税率计算出来的,所以要先计算这四类费用。

其他项目主要包含暂列金额、暂估价、计日工、总承包服务费。暂列金额、暂估价是招标人规定的,按要求计算就可以了。根据计日工人工、材料、机械台班数量自主报价就行了。总承包服务费出现了才计算。

总价措施项目的安全文明施工费是非竞争项目,必须按照规定计取。二次搬运费等有关总价措施项目,投标人根据工程情况自主报价。

分部分项工程和单价措施项目费是根据施工图、清单工程量和计价定额确定每个项目的综合报价,然后分别乘以分部分项工程费和单价措施项目清单工程量就得到分部分项工程和单价措施项目费。

将上述规费和税金、其他项目费、总价措施项目费、分部分项工程和单价措施项目费汇总为投标报价。现在我们从编制的先后顺序,通过图4-2来描述投标报价的编制步骤。

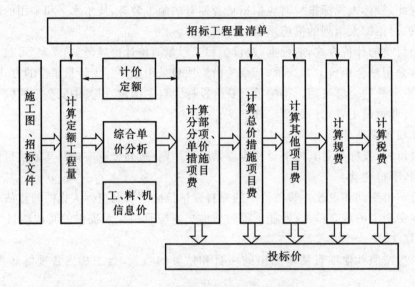

图4-2 投标价编制步骤示意图

任务4.3 工程量清单计价案例

4.3.1 设计说明

1.设计依据

(1)《民用建筑设计通则》(GB 50352—2005);

(2)《铁路工程设计防火规范》(TB 10063—2016);

(3)《建筑设计防火规范》(GB 50016—2014);

(4)《公共建筑节能设计标准》(GB 50198—2015);

(5)《建筑工程建筑面积计算规范》(GB/T 50353—2013);

(6)《建筑结构可靠度设计统一标准》(GB 50068—2001);

(7)《建筑工程抗震设防分类标准》(GB 50223—2008);

(8)《建筑结构荷载规范》(GB 50009—2012);

(9)《混凝土结构设计规范》(GB 50010—2010);

(10)《建筑抗震设计规范》(GB 50011—2010);

(11)《砌体结构设计规范》(GB 50003—2011);

(12)《建筑地基基础设计规范》(GB 50007—2011);

(13)《混凝土结构耐久性设计规范》(GB/T 50476—2008);

(14)《铁路工程节能设计规范》(TB 10016—2016);

(15)《建筑地基处理技术规范》(JGJ 79—2012);

(16)《铁路房屋建筑设计标准》(Q/CR 9146—2017)。

2.工程概况

(1)本工程是一座防寒小屋,总建筑面积 9.6m²。

(2)本建筑为一层砌体结构,层高 3.3m,室内地面标高±0.000,相对绝对高程 409.22m,室内外高差为 300mm。

(3)建筑类别:结构设计使用年限 50 年;建筑耐火等级为二级;屋面防水等级为Ⅱ级。

3.建筑设计

(1)砌体结构房屋:内外墙均采用 240mm 厚 KP1 多孔砖砌筑。标高±0.000 以上,外墙均采用 240mm 厚 M7.5 混合砂浆砌筑 MU10KP1 型多孔砖墙,内墙采用 KP1 型 240mm 厚多孔砖墙。±0.000 以下采用 M7.5 级水泥砂浆砌筑标准砖。

(2)外墙保温:外墙外贴 50mm 厚挤塑聚苯板(XPS 板),参照国标图集 10J121 中的 A1、A2 型有关粘贴保温板外保温系统的相应做法(窗口、外墙转角、勒脚、变形缝等部位)。

(3)门、窗情况。

①门:外门采用防盗门(三防门),内门采用成品木门。

②窗:外窗采用塑推拉窗,选用国标《未增塑聚氯乙烯(PVC-U)塑料门窗》07J604 中 88 系列;推拉窗中空玻璃(4+12A+4)。

建筑外门抗压性能分级为 4 级,气密性能分级为 4 级,水密性能为 3 级,隔声性能分为 2 级;满足《公共建筑节能设计标准》(GB 50198—2015)外窗的气密性等级。

(4)装修:室外装修详见 4.3.2 所附立面图,室内装修详见装修表。窗台板采用 25mm 厚、宽 200mm 大理石。门窗颜色为塑钢窗采用奶白色,外门采用浅灰色,室内门采用酱红色。散水宽 1.5m,每隔 6m 设 20mm 宽变形缝一道,散水与外墙交接处及变形缝用沥青麻丝填实。

(5)消防设计如下:

①本建筑为一层,建筑面积 9.6m²,作为一个防火分区,设置一个安全出口。满足《建筑设计防火规范》(GB 50016—2014)中 5.1.7 规定,耐火等级为二级。

②工程主要构件耐火极限如表 4-1 所示。

表 4-1　工程主要构件耐火极限

构件名称	规范要求的耐火极限(小时)	设计选材耐火极限(小时)
楼板	1.0	现浇混凝土板,保护层 10mm 厚 1.4h
非承重外墙	1.0	300mm 砌筑陶粒混凝土砌块≥2.0
房间隔墙	0.5	200mm 砌筑陶粒混凝土砌块≥2.0
梁	1.5	现浇混凝土梁,保护层≥20 厚≥1.5
柱	2.5	现浇混凝土柱,保护层≥20 厚≥2.5
屋顶承重构件	1.0	现浇混凝土板梁,保护层≥20 厚≥1.5
疏散走道两侧隔墙	1.0	200mm 厚砌筑陶粒混凝土砌块≥2.0

(6)保温节能情况如下:

①外墙外贴 50mm 厚挤塑聚苯板(XPS 板)。

②屋面用 100mm 厚挤塑聚苯板做保温层(燃烧性能为 B1 级)。

③外门采用保温防盗门;外窗采用未增塑聚氯乙烯塑料推拉窗,88 系列中空玻璃(4＋12A＋4)。

④以上各保温层厚度经计算均满足国家及当地部门保温节能要求。

(7)绿色环保情况如下:本工程所采用的设备与材料应符合国家当地的环保要求,其性能指标应达到国家和当地有关部门的环保指标。

4.结构设计

(1)抗震设防烈度为 8 度,设计基本地震加速度 0.17g,设计地震分组为第一组,特征周期为 0.46s。工程环境类别:室内为一类,与土壤接触部分及露天环境为二 B 类,场地类别为三类。

(2)建筑结构安全等级及设计使用年限。建筑结构安全等级:二级;设计使用年限:50 年;施工质量控制等级:B 级;建筑抗震设防类别:标准设防类;地基的基础设计等级:丙级。

(3)本工程抗震构造措施,应严格按照《建筑物抗震构造详图》(11G329－2)中 8 度的要求施工,非抗震构造要求详见 11G329－2 中要求。现浇板、圈梁一道整体现浇。

(4)主要荷载(标准值)取值。不上人屋面活荷载为:0.5kN/m²;KP1 多孔砖自重不应超过 14.5kN/m³,页岩实心砖自重不应超过 19kN/m³;风压:0.55kN/m²,雪压:0.45kN/m²。

(5)主要构件混凝土强度等级,见表 4－2。梁、板、圈梁、构造柱等均为 C30,条形基础为C30。混凝土保护层厚度:梁为 20mm,板为 15mm,基础为 40mm。保护层厚度为最外侧钢筋外边缘至混凝土表面的距离。

表 4－2 主要构件

混凝土结构环境类别	混凝土强度等级	最大水胶比	最大氯离子含量(%)	最大碱含量(kg/m³)
一	C30	0.6	0.3	—
二	C40	0.45	0.20	3.0

注:a.氯离子含量是指其占胶凝材料重的百分率;b.当使用非碱活性骨料时,对混凝土的碱含量可不作限制。

(6)钢筋:采用 HPB300(用 A 表示)、HRB400(用 C 表示)。纵向受力钢筋的抗拉强度实测值与屈服强度实测值的比值不应小于 1.25,钢筋的屈服强度实测值与强度标准值的比值不应大于 1.3,且钢筋在最大拉力的总伸长率实测值不应小于 9%。

(7)圈梁截面:墙厚×240,主筋 4C14,箍筋 A6@200,其纵筋锚入柱的长度＞L_{aE}。

构造柱截面:240×240,未注明主筋 4C14,箍筋 A8@200。

(8)构造柱与圈梁连接处,构造柱的纵筋应在梁纵筋内侧穿过,保证构造柱钢筋上下贯通。

(9)内墙门窗过梁在国标图集《钢筋混凝土过梁》(13G322－3)中选用,荷载等级二级。

(10)洞口过梁上水平灰缝设置 3 道 2A6 钢筋伸入过梁两端墙内不小于 600mm,具体详《建筑物抗震构造详图》(11G329－2)。

(11)楼梯间和人流通道处的墙体配筋构造,详《建筑物抗震构造详图》(11G329－2)1－12。

(12)现浇板中支座负筋的梁立筋均为 A6@200,负筋长度均从墙内边算起,板底钢筋沿短跨放下排,沿长跨放上排。

(13)构造柱纵筋放在基础底部钢筋网上,并做直弯钩,长度为 10mm。构造柱钢筋绑扎好后先砌墙再浇筑混凝土。

（14）对于外露的现浇钢筋混凝土女儿墙、挂板、栏板、檐口等构件，当其水平直线长度超过 12m 时，应按图集设置伸缩缝，伸缩缝间距小于等于 12m。缝内使用降水油膏等材料柔性填充，做法参见《刚性/卷材/涂膜防水及隔热屋面图集》（03J201-1）；且伸缩缝应避开水落管雨水口、泄水管处。

（15）现浇板板底钢筋沿短跨向下排，沿长跨向放上排。对双向双网配筋的板沿短跨向钢筋均放置于上网下排、下网下排，沿长跨方向钢筋放置于上网下排、下网上排。现浇板中负筋分布筋为 A8@200。伸入支座长度不小于 La（受拉锚固长度）。

（16）各板角负筋，纵横两向必须重叠设置成网格状。

（17）板、梁上下应注意预留构造柱插筋或连接用埋件。

（18）基坑回填土及位于设备基础、地面、散水、踏步等基础之下的回填土，采用 2:8 灰土。要求必须分层夯实，每层厚度 200~300mm，压实系数 0.95。对回填土填料及施工的要求均应严格执行《建筑地基处理技术规范》（JGJ 79—2012）有关要求。

5. 施工使用的注意事项

（1）本设计除标高以米计外，其余尺寸以毫米计。

（2）图中悬挑构件应保证其钢筋的位置，不得随意加大其板面荷载。应待混凝土达到设计强度 100%，且平衡荷重施工完成后方可拆模。

（3）在施工中，当需要以强度等级较高的钢筋替换原设计中的纵向受力钢筋时，应按照钢筋受拉承载力设计值相等的原则换算，并应满足最小配筋率要求。

（4）所有外露铁件均应涂刷防锈底漆、面漆。

（5）基槽开挖后，若发现设计图与现场实际情况不符，请与设计单位协商处理。

（6）施工完毕后，应对房屋周围的场地进行洒水表夯及场地平整。在房屋 6.0m 范围内为 2%，6.0m 以外为 0.5%，压实系数 0.94。

施工用水应妥善管理，防止管网漏水，临时用水场地距建筑物外墙不应小于 10m，防止施工用水和生活用水流入基槽。基础施工宜采用分段快速作业法，施工过程中不得使基坑（槽）暴晒或泡水。

（7）施工期间不得超负荷堆放建材和施工垃圾，避免对结构构件造成的不利影响。

（8）施工时，应严格进行隐藏工程的验收，验收合格后方可进行后续工作的施工。

（9）本设计未考虑冬季施工。图中未尽之处，请严格按照国家现行有关设计与施工规范、规程的要求执行。

（10）应严格按照国家现行有关设计与施工规范、规程的要求施工。

（11）施工时请密切配合其他有关专业图纸，不得遗漏所有沟槽管洞及预埋件。

（12）本设计不含电力专业防雷接地内容，在基础、上部结构施工时按照电力专业要求，做好预埋铁件、构件主筋联通等防雷接地措施。

（13）本工程未经技术鉴定或设计许可，不得改变该房屋的用途和使用环境。

6. 设计利用的图纸目录

本设计利用图纸目录有：《工程做法》（05J909）系列图集、《砖墙建筑构造》（04J101）、《建筑物抗震构造详图》（11G329-2）、《过梁表》（13G322-2）、《地沟及盖板》（02J331）。

门窗表如表 4-3 所示。

表 4 - 3　门窗表

类型	设计编号	洞口尺寸(mm×mm)	数量	图集名称	选用型号	备注
门	M－1	1000×2100	1			定制保温防盗门
窗	C－1	1200×1500	1	07J604	1215PC3－N	内平开窗

注:1.一层外窗均加设防护铁栅栏,按 03J930－1 第 348 选用。

2.有人房间的窗户设窗纱。

4.3.2　施工图

1.建筑施工图

建筑施工相关图纸见图 4 - 3 至图 4 - 8。

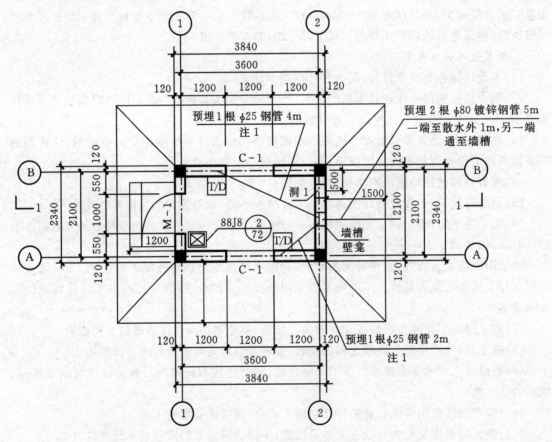

图 4 - 3　平面图(1∶100)

备注:台阶尺寸为 1.2m×1.5m,踏步宽 30mm;洞 1、风机留洞,$B×H＝380mm×380mm$,中心标高 2.40m(防爆型)。

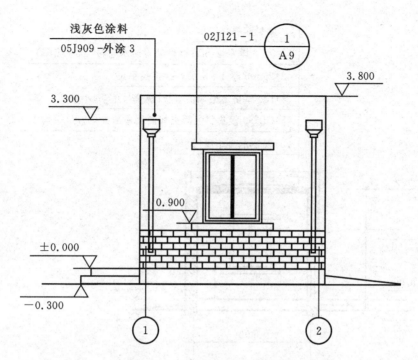

图 4 - 4   ①—②立面图(1：100)

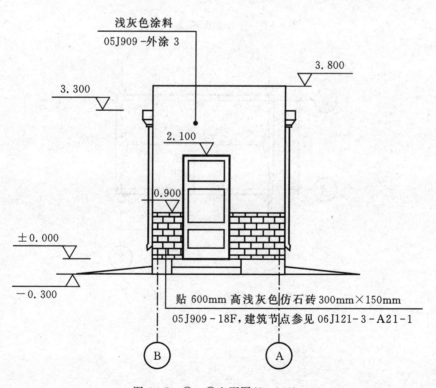

图 4 - 5   Ⓑ—Ⓐ立面图(1：100)

备注:台阶尺寸为 1.2m×1.5m,踏步宽 300mm。

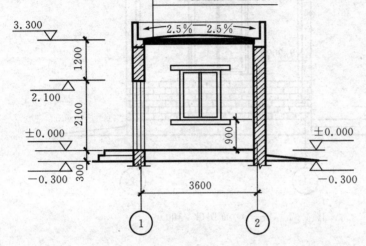

（1）涂料粒料保护层

（2）3＋3厚双层 SBS 改性沥青防水卷材（双层热贴）

（3）20mm 厚 1：3 水泥砂浆找平层

（4）100 厚挤塑聚苯保温板（燃烧性能≥B1 级）

（5）CL5.0 轻集料混凝土找坡层最薄处 30 厚（平均 100 厚）

（6）现浇混凝土屋面板

图 4-6 1—1 剖面图（1：100）

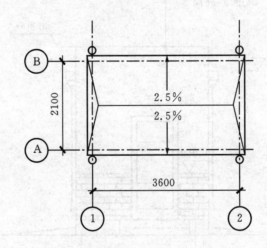

图 4-7 屋面排水图（1：100）

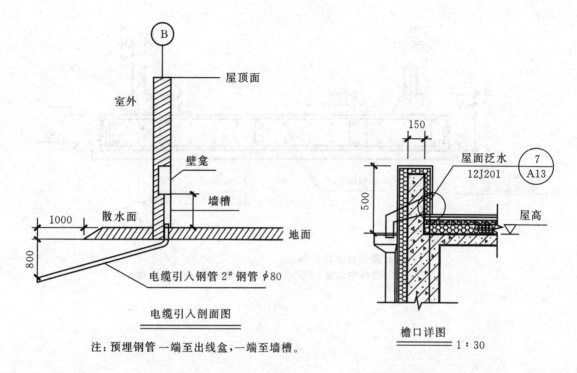

电缆引入剖面图

注：预埋钢管一端至出线盒，一端至墙槽。

檐口详图
1 : 30

说明：

(1) T/D 墙面式 86×86 信息插座安装于墙面上，距地 30mm 处，经墙内预埋钢管引至出线盒。

(2) 室外引入室内：预埋 φ80 镀锌钢管 2 根 5m，一端至室外散水面外 1m，另一端通至墙槽内。详见电缆引入剖面图。

(3) 室内地面和墙内均预埋 φ25 镀锌钢管。

(4) 壁龛净尺寸 (400×300×130，高×宽×深)，壁龛底部距地面 800mm。壁龛与墙体颜色保持一致，壁龛加门加锁。

(5) 墙槽净尺寸 (800mm×200mm×100mm，高×宽×深)，墙槽一端至地面，另一通至壁龛内，墙槽内部三面镶木板，外设可开启木门，1 米 1 节，与墙平齐，颜色与墙体保持一致。

(6) 预埋钢管内穿 2.0mm 铁丝一根，铁丝在钢管两侧露头不小于 10cm，钢管两侧端口做临时封堵。

(7) 图中标注尺寸均为毫米。

图 4-8　电缆引入剖面图及檐口详图

2. 结构施工图

结构施工相关图纸见图 4-9 至图 4-13。

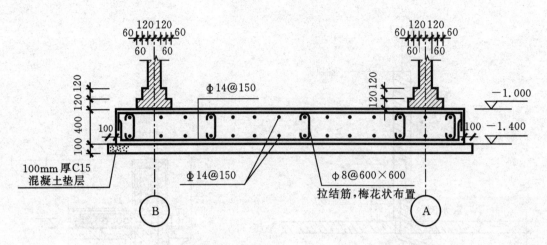

注:1. 现浇板厚为400mm。
　　2. 筏板中设置φ8@600×600的拉结筋,梅花状布置。

图4-9　2—2(1∶50)

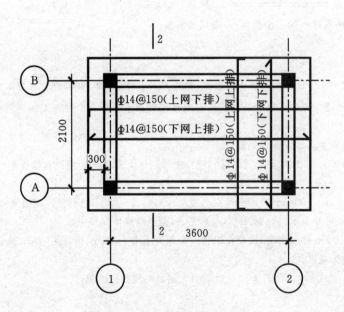

图4-10　筏板基础配筋图(1∶100)

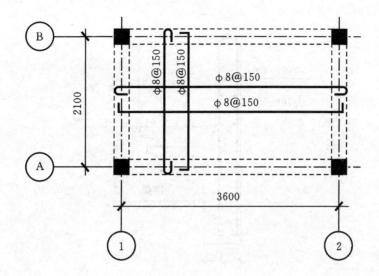

图 4-11 屋面板配筋图(1∶100)

注:板厚 100mm。

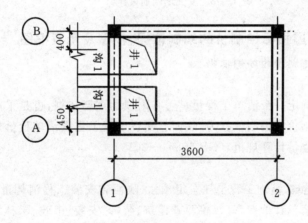

图 4-12 管沟布置图(1∶100)

注:(1)井 1、管井尺寸:800×800mm,管井底距室内地平面标高-1.3m。
   (2)沟 1、管沟尺寸:800×800mm,管沟底距室内地平面标高-1.3m。

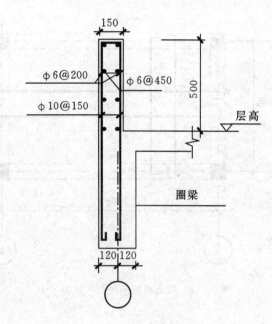

图 4-13 女儿墙配筋大样(1∶25)

4.3.3 防寒小屋招标控制价的编制依据、步骤及示意框图

1.防寒小屋招标控制价的编制依据

(1)清单计价规范。

清单计价规范是确定一个清单工程量是否有附项的重要依据,也是采用什么表格的重要依据。本工程招标控制价的编制依据为《陕西省建设工程工程量清单计价规则》(2009)和《房屋建筑与装饰工程工程量计算规范》(GB 50854—2013)。

(2)消耗量定额。

2004 年《陕西省建筑、装饰工程消耗量定额》、《陕西省安装工程消耗量定额》,2009 年《陕西省建设工程工程量清单计价费率》、《陕西省建筑、装饰、安装、市政、园林绿化工程价目表》、《陕西省建设工程施工机械台班价目表》、《陕西省建设工程消耗量定额勘误及补充定额》。

(3)正常的施工组织及方法、施工规范和验收规范。

(4)陕西省计价文件。例如:《关于调整房屋建筑和市政基础设施工程工程量清单计价综合人工单价的通知》(陕建发〔2015〕319 号),《关于调整陕西省建设工程计价依据的通知》(陕建发〔2016〕100 号)。

(5)计价说明。

根据计价规则规定进行计价。标底计价内容包括分部分项工程费、措施项目费、其他项目费和规费、税金。工程量清单计价以综合单价计价,综合单价根据计价规则的计价程序组价。

本工程依据图纸用料说明、相关图集,技术规范、图纸等文件来进行组价。

(6)工程质量、材料、施工等的要求。

①工程质量:合格。

②工程用混凝土为商品混凝土,C15 为 313 元/m³;C30 为 357 元/m³。

2.防寒小屋工程投标报价的编制步骤

第一步,根据建设工程有关标准、规范、技术资料和施工图编制分部分项和单价措施项目的清单工程量。

第二步,根据清单工程量、工料机信息价、计价定额计算分部分项工程和单价措施项目综合单价。

第三步,将分部分项工程清单和单价措施项目清单工程量乘以对应的综合单价后填入"分部分项工程和单价措施项目计价表"。

第四步,对"分部分项工程和单价措施项目计价表"进行分部小计、本页小计、单位工程总计。

第五步,根据"总价措施项目清单"和有关费率,计算"安全文明施工费"等总价措施项目费。

第六步,根据"其他项目清单",将暂列金额、暂估价填入"其他项目清单与计价汇总表",根据计日工和工料机信息价计算计工日的费用,根据分包专业工程的估价和有关规定计算总承包服务费。最后汇总为单位工程其他项目费。

第七步,根据定额人工费和规费、税金项目清单及规定的费率、税率计算规费和税金。

第八步,将分部分项工程费、措施项目费、其他项目费、规费和税金填入"单位工程投标报价汇总表"内,并计算出投标总价。

第九步,编写工程计价总说明和填写投标总价封面。

防寒小屋工程招标控制价编制步骤见图 4-14。

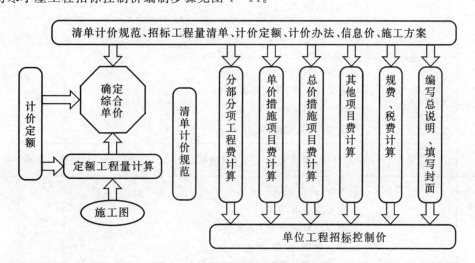

图 4-14　招标控制价制步骤示意图

4.3.4　分部分项和单价措施项目清单工程量计算

基数计算见表 4-4。

表4-4　基数计算

序号	名称	计算式	单位	数量
1	首层建筑面积 $S_建$	3.84×2.34	m²	8.99
2	外墙中心线 $L_中$	$(3.6+2.1) \times 2$	m	11.40
3	外墙外边线 $L_外$	$(3.84+2.34) \times 2$	m	12.36

分部分项工程和单价措施项目清单与计价表见表4-5。

表4-5　分部分项工程和单价措施项目清单与计价表

工程名称:防寒小屋　　　　　　　标段:01　　　　　　　第1页　共6页

序号	项目编码	项目名称(含项目特征)	计量单位	工程量
1	010101001001	平整场地 1.土壤类别:Ⅱ类土 2.弃土运距:就地倒运土	m²	8.99
	计算式	$S_建$		
2	010101004001	挖基坑土方 1.土壤类别:Ⅱ类土 2.挖土深度:1.2m 3.弃土运距:坑边	m³	17.48
	计算式	[4.64(长度)×3.14(宽度)](底面积)×1.2(挖土深度)		
3	010103001001	回填方(基础) 1.密实度要求:压实系数0.96 2.填方材料品种:2:8灰土 3.填方来源、运距:坑边	m³	7.57
	计算式	17.48(挖基础土方)−3.23(砖基础)−1.46(垫层)−5.22(筏板基础)		
4	010103001002	回填方(房心回填) 1.密实度要求:0.96 2.填方材料品种:3:7灰土 3.填方来源、运距:坑边	m³	1.50
	计算式	(3.6−0.12×2)(长度)×(2.1−0.12×2)(宽度)×[0.3(回填厚度)−0.06]		
5	010103002001	余方弃置 1.废弃料品种:Ⅱ类土 2.运距:200m	m³	7.59
	计算式	17.48(挖基础土方)−8.39(回填土2:8)−1.50(回填土3:7)		

序号	项目编码	项目名称(含项目特征)	计量单位	工程量
6	010401001001	砖基础 1.砖品种、规格、强度等级:MU15页岩实心砖 2.基础类型:条形基础 3.砂浆强度等级:M7.5水泥砂浆	m³	2.57
	计算式	$[(0.24+0.06×3)×0.24+0.24×(1.0-0.24-0.24)]$(截面面积)$×[(3.6+2.1)×2]$(长度)		
7	010401004001	多孔砖墙 1.砖品种、规格、强度等级:MU10KP1型承重多孔砖 2.墙体类型:外墙 3.砂浆强度等级、配合比:M7.5混合砂浆	m³	5.88
	计算式	0.24(墙厚)$×[11.4(L_{中})×3.06$(墙高)-2.1(门)-3.6(窗)$]-0.88$(构造柱3.06m高)-0.22(过梁)$-0.4×0.3×0.13$(壁龛)$-0.8×0.2×0.1$(线槽)		
8	010501001001	垫层 1.混凝土种类:商品混凝土 2.混凝土强度等级:C15	m³	1.46
	计算式	4.64(长度)$×3.14$(宽度)$×0.1$(厚度)		
9	010501004001	满堂基础 1.混凝土种类:商品混凝土 2.混凝土强度等级:C30	m³	5.22
	计算式	4.44(长度)$×2.94$(宽度)$×0.4$(厚度)		
10	010502002001	构造柱 1.混凝土种类:商品混凝土 2.混凝土强度等级:C30	m³	0.95
	计算式	$[(0.24×(0.24+0.06)]$(平均截面面积)$×3.3$(高度)$×4$(数量)		
11	010503004001	圈梁 1.混凝土种类:商品混凝土 2.混凝土强度等级:C30	m³	1.26
	计算式	$[0.24$(宽度)$×0.24$(高度)$×L_{中}$(中心线长度)$]×2-0.24×0.24×0.24×4$(构造柱)		

续表 4-5

序号	项目编码	项目名称(含项目特征)	计量单位	工程量
12	010503005001	过梁 1.混凝土种类:商品混凝土 2.混凝土强度等级:C30	m³	0.22
	计算式	0.24×0.19(截面面积)×[1.7(长度)×2+1.5]		
13	010504001002	直形墙 1.混凝土种类:商品混凝土 2.混凝土强度等级:C30	m³	0.88
	计算式	0.15(宽度)×0.5(高度)×[(3.84−0.15+2.34−0.15)×2](栏板中心线长度)		
14	010505003001	平板 1.混凝土种类:商品混凝土 2.混凝土强度等级:C30	m³	0.63
	计算式	(3.6−0.24)(长度)×(2.1−0.24)(宽度)×0.1(厚度)		
15	010507001001	散水、坡道 1.垫层材料种类、厚度:300mm 厚 2∶8 灰土垫层宽出300,100mm 厚 C15 混凝土垫层 2.面层厚度:1∶1 水泥砂浆压实赶光 3.混凝土种类:商品混凝土 4.混凝土强度等级:C15	m²	25.74
	计算式	12.36($L_{外}$)×1.5(宽度)+4×1.5×1.5−1.2×1.5(台阶)		
16	010507004001	台阶 1.踏步高、宽:高 150、宽 300 2.混凝土种类:商品混凝土	m²	1.8
	计算式	1.2(宽)×1.5(长)		
17	010515001001	现浇混凝土钢筋 钢筋种类、规格:圆钢 φ10 以内(含 φ10)0.223t;螺纹钢 φ10 以上 0.945t	t	1.168
	计算式	1.168t(详见附表钢筋计算书)		

续表 4 - 5

序号	项目编码	项目名称(含项目特征)	计量单位	工程量
18	010802004001	防盗门 1.门代号及洞口尺寸:M1021 2.门框或扇外围尺寸:1000×2100 3.门框、扇材质:钢制	m²	2.10
	计算式	1(宽度)×2.1(高度)		
19	010807001001	金属(塑钢、断桥)窗 1.窗代号及洞口尺寸:C1 2.框、扇材质:塑钢窗	m²	3.60
	计算式	1.2(宽度)×1.5(高度)×2		
20	010809004001	石材窗台板 黏结层厚度、砂浆配合比:水泥砂浆 1:2.5 2.窗台板材质、规格、颜色:大理石板 25mm 厚	m²	0.48
	计算式	1.2(长)×0.2(宽)×2		
21	010902001001	屋面卷材防水 1.卷材品种、规格、厚度:SBS 改性沥青防水卷材(双层热贴) 2.防水层数:双层 3.防水层做法:3+3 厚双层热熔法,面层涂聚氨酯铝粉作着色剂保护层	m²	10.57
	计算式	3.54(长度)×2.04(宽度)+(3.54+2.04)×2×0.3(泛水)		
22	011001001001	保温隔热屋面 保温隔热材料品种、规格、厚度:水泥炉渣找坡层最薄处 20mm 厚(1:6),平均 100mm 厚,100mm 厚挤塑苯保温板	m²	7.22
	计算式	3.54(长度)×2.04(宽度)		
23	011001003001	保温隔热墙面 1.保温隔热部位:外墙 2.保温隔热方式:铺贴 3.保温隔热材料品种、规格及厚度:50mm 厚挤塑聚苯板	m²	50.74
	计算式	12.36($L_{外}$)×(3.3+0.3+0.5)(墙高)+(3.84-0.3+2.34-0.3)×2(女儿墙内边线)×0.5(女儿墙高)+(2.1×2+1)×0.06(门侧壁)+(1.2+1.5)×2×0.06(窗侧壁)-2.1(门)-3.6(窗)-1.5×0.3(台阶)		

续表 4-5

序号	项目编码	项目名称(含项目特征)	计量单位	工程量
24	011101006001	平面砂浆找平层 找平层厚度、砂浆配合比:20mm 厚 1:3 水泥砂浆找平层	m²	7.22
	计算式	3.54(长度)×2.04(宽度)		
25	011102003001	块料楼地面 1.找平层厚度、砂浆配合比:素水泥浆(掺建筑胶)一道,20mm 厚 1:3 水泥砂浆(掺建筑胶)找平层 2.结合层厚度、砂浆配合比:5mm 厚 1:2.5 水泥砂浆(掺建筑胶)结合层 3.面层材料品种、规格、颜色:600×600 陶瓷地砖	m²	7.41
	计算式	(3.36(长度)×1.86(宽度)+(1.2-0.3×2)×1.5(台阶平面)+0.24×1(门开口)+0.1×0.2(墙开槽)		
26	011105003001	块料踢脚线 1.踢脚线高度:100mm 2.粘贴层厚度、材料种类:素水泥浆(掺建筑胶)一道,5mm 厚 1:2.5 水泥砂浆(掺建筑胶),8mm 厚 1:3 水泥砂浆(掺建筑胶)	m²	0.99
	计算式	[(3.36(长度)+1.86(宽度))×2+0.12×2(门侧壁)+0.1×2(墙开槽)-1.0(门开口)]×0.1(高)		
27	011107002001	块料台阶面 1.找平层厚度、砂浆配合比:素水泥浆(掺建筑胶)一道,20mm 厚 1:3 水泥砂浆(掺建筑胶)找平层 2.黏结材料种类:5mm 厚 1:1 水泥砂浆(掺建筑胶) 3.面层材料品种、规格、颜色:300×300 防滑地砖	m²	0.90
	计算式	1.5(长)×0.6(宽)		

序号	项目编码	项目名称(含项目特征)	计量单位	工程量
28	011201001001	墙面一般抹灰 1.墙体类型:女儿墙 2.底层厚度、砂浆配合比:12mm 厚 1：3 水泥砂浆打底扫毛 3.面层厚度、砂浆配合比:8mm 厚 1：2.5 水泥砂浆抹面 4.装饰面材料种类:外墙涂料	m²	11.76
	计算式	$12.36(L_外)\times0.5$(墙高)$+(3.84-0.3+2.34-0.3)\times2$(女儿墙内边线)$\times0.5$(女儿墙高)		
29	011201001002	墙面一般抹灰(内墙) 1.墙体类型:砖墙 2.底层厚度、砂浆配合比:10mm 厚 1：3 水泥砂浆打底 3.面层厚度、砂浆配合比:6mm 厚 1：2.5 水泥砂浆抹面,压实赶光 4.装饰面材料种类:涂料	m²	27.71
	计算式	$[3.36$(长)$+1.86$(宽)$]\times2\times3.2$(高)-2.1(门)-3.6(窗)		
30	011201001003	墙面一般抹灰(外墙面) 1.墙体类型:砖墙 2.底层厚度、砂浆配合比:12mm 厚 1：3 水泥砂浆打底扫毛 3.面层厚度、砂浆配合比:8mm 厚 1：2.5 水泥砂浆抹面 4.装饰面材料种类:外墙涂料	m²	24.86
	计算式	$12.36(L_外)\times(3.3-0.9)$(墙高)$-1\times(2.1-0.9)$(门)$-3.6$(窗)		
31	011204003001	块料墙面 1.墙体类型:砖墙 2.安装方式:粘贴 3.面层材料品种、规格、颜色:花岗岩板	m²	13.59
	计算式	$12.36(L_外)\times(0.9+0.3)$(高)$-1.5\times0.3$(台阶)$+0.06\times2\times0.9$(门侧壁)$-0.9\times1$(门)		

序号	项目编码	项目名称(含项目特征)	计量单位	工程量
32	011301001001	天棚抹灰 1.基层类型:现浇混凝土板 2.抹灰厚度、材料种类:素水泥浆(掺建筑胶)一道,5mm 厚水泥砂浆 1：3 3.砂浆配合比:5mm 厚水泥砂浆 1：2.5	m²	6.25
	计算式	3.36(长度)×1.86(宽度)		
33	011407001001	墙面喷刷涂料 1.基层类型:砂浆 2.喷刷涂料部位:外墙勒脚上 3.涂料品种、喷刷遍数:丙烯酸无光外墙乳胶漆	m²	36.62
	计算式	[3.36(长)＋1.86(宽)]×2×3.2(高)－2.1(门)－3.6(窗)		
34	011407001002	墙面喷刷涂料 1.基层类型:砖 2.喷刷涂料部位:内墙 3.涂料品种、喷刷遍数:乳胶漆两遍	m²	27.71
	计算式	12.36($L_外$)×(3.3－0.6)(墙高)－2.1(门)－3.6(窗)		
35	011407002001	天棚喷刷涂料 1.基层类型:混凝土 2.喷刷涂料部位:天棚 3.涂料品种、喷刷遍数:墙面钙塑涂料(成品)	m²	6.25
	计算式	3.36(长度)×1.86(宽度)		
36	011701002001	外脚手架	m²	50.68
37	011701003001	里脚手架	m²	8.99
38	011702001001	基础	m²	6.68
39	011702003001	构造柱	m²	9.27
40	011702016001	平板	m²	6.25
41	010504001001	直形墙	m³	0.88
42	011702008001	圈梁	m²	9.44
43	011702009001	过梁	m²	2.68
44	011702027001	台阶	m²	1.80

钢筋计算相关表格见表 4－6 至表 4－9。

表 4 - 6 钢筋按构件计算明细表(1)

楼层名称:基础层(绘图输入)					钢筋总重:542.218kg		
筋号	直径	计算公式	根数	总根数	单长(m)	总长(m)	总重(kg)
构件名称:QL-1(地圈梁)			构件数量:2		本构件钢筋重:23.959kg		
上部钢筋.1	14	$3840-25-25$	1	2	3.79	7.58	9.172
上部钢筋.2	14	$3360+40\times d+40\times d$	1	2	4.48	8.96	10.842
下部钢筋.1	14	$3840-25-25$	1	2	3.79	7.58	9.172
下部钢筋.2	14	$3360+40\times d+40\times d$	1	2	4.48	8.96	10.842
箍筋.1	6	$2\times[(240-2\times25)+(240-2\times25)]+2\times(6.9\times d)$	18	36	0.843	30.348	7.89
构件名称:QL-1(楼层圈梁)			构件数量:2		本构件钢筋重:14.945kg		
上部钢筋.1	14	$2340-25-25$	1	2	2.29	4.58	5.542
上部钢筋.2	14	$1860+40\times d+40\times d$	1	2	2.98	5.96	7.212
下部钢筋.1	14	$2340-25-25$	1	2	2.29	4.58	5.542
下部钢筋.2	14	$1860+40\times d+40\times d$	1	2	2.98	5.96	7.212
箍筋.1	6	$2\times[(240-2\times25)+(240-2\times25)]+2\times(6.9\times d)$	10	20	0.843	16.86	4.384
构件名称:FB-1[37]			构件数量:1		本构件钢筋重:6.304kg		
构件位置:(1+1800,B-1050)							
拉筋.1	8	$(400-45-45)+2\times(6.9\times d)$	38	38	0.42	15.96	6.304
构件名称:FB-1[37]			构件数量:1		本构件钢筋重:458.106kg		
筏板受力筋.1	14	$4440-45+12\times d-45+12\times d$	20	20	4.686	93.72	113.401
筏板受力筋.1	14	$2940-45+12\times d-45+12\times d$	30	30	3.186	95.58	115.652
筏板受力筋.1	14	$4440-45+12\times d-45+12\times d$	20	20	4.686	93.72	113.401
筏板受力筋.1	14	$2940-45+12\times d-45+12\times d$	30	30	3.186	95.58	115.652

表 4 - 7 钢筋按构件计算明细表(2)

筋号	直径	计算公式	根数	总根数	单长(m)	总长(m)	总重(kg)
构件名称:GZ-1[17]		构件数量:4			本构件钢筋重:27.835kg		
全部纵筋.1	14	$3300-240+10\times d$	4	16	3.2	51.2	61.952
构造柱预留筋.1	14	$56\times d+40\times d$	4	16	1.344	21.504	26.02
箍筋.1	8	$2\times[(240-2\times25)+(240-2\times25)]+2\times(6.9\times d)$	17	68	0.87	59.16	23.368

筋号	直径	计算公式	根数	总根数	单长 (m)	总长 (m)	总重(kg)
构件名称:LJ－1[80]		构件数量:1			本构件钢筋重:6.386kg		
砌体加筋.1	6	$240-2\times60+430-60+60+430-60+60$	4	4	0.98	3.92	1.019
砌体加筋.2	6	$240-2\times60+180-60+60+180-60+60$	1	1	0.48	0.48	0.125
砌体加筋.3	6	$240-2\times60+1000+60+1000+60$	9	9	2.24	20.16	5.242
构件名称:LJ－1[81]		构件数量:1			本构件钢筋重:6.386kg		
砌体加筋.1	6	$240-2\times60+1000+60+1000+60$	9	9	2.24	20.16	5.242
砌体加筋.2	6	$240-2\times60+430-60+60+430-60+60$	4	4	0.98	3.92	1.019
砌体加筋.3	6	$240-2\times60+180-60+60+180-60+60$	1	1	0.48	0.48	0.125
构件名称:LJ－1[82]		构件数量:1			本构件钢筋重:8.154kg		
砌体加筋.1	6	$240-2\times60+1000+60+1000+60$	14	14	2.24	31.36	8.154
构件名称:LJ－1[83]		构件数量:1			本构件钢筋重:7.8kg		
砌体加筋.1	6	$240-2\times60+1000+60+1000+60$	13	13	2.24	29.12	7.571
砌体加筋.2	6	$240-2\times60+380-60+60+380-60+60$	1	1	0.88	0.88	0.229
构件名称:GL－1[27]		构件数量:2			本构件钢筋重:7.307kg		
过梁上部纵筋.1	8	$1700-25-25+12.5\times d$	2	4	1.75	7	2.765
过梁下部纵筋.1	14	$1700-25-25$	2	4	1.65	6.6	7.986
过梁箍筋.1	6	$2\times[(240-2\times25)+(190-2\times25)]+2\times(6.9\times d)$	10	20	0.743	14.86	3.864
构件名称:GL－1[28]		构件数量:1			本构件钢筋重:6.472kg		
过梁上部纵筋.1	8	$1500-25-25+12.5\times d$	2	2	1.55	3.1	1.225
过梁下部纵筋.1	14	$1500-25-25$	2	2	1.45	2.9	3.509
过梁箍筋.1	6	$2\times[(240-2\times25)+(190-2\times25)]+2\times(6.9\times d)$	9	9	0.743	6.687	1.739

筋号	直径	计算公式	根数	总根数	单长(m)	总长(m)	总重(kg)
构件名称:QL－1[9]		构件数量:2		本构件钢筋重:23.959kg			
上部钢筋.1	14	3840－25－25	1	2	3.79	7.58	9.172
上部钢筋.2	14	3360＋40×d＋40×d	1	2	4.48	8.96	10.842
下部钢筋.1	14	3840－25－25	1	2	3.79	7.58	9.172
下部钢筋.2	14	3360＋40×d＋40×d	1	2	4.48	8.96	10.842
箍筋.1	6	2×[(240－2×25)＋(240－2×25)]＋2×(6.9×d)	18	36	0.843	30.348	7.89
构件名称:QL－1[10]		构件数量:2		本构件钢筋重:14.945kg			
上部钢筋.1	14	2340－25－25	1	2	2.29	4.58	5.542
上部钢筋.2	14	1860＋40×d＋40×d	1	2	2.98	5.96	7.212
下部钢筋.1	14	2340－25－25	1	2	2.29	4.58	5.542
下部钢筋.2	14	1860＋40×d＋40×d	1	2	2.98	5.96	7.212
箍筋.1	6	2×[(240－2×25)＋(240－2×25)]＋2×(6.9×d)	10	20	0.843	16.86	4.384
构件名称:XB－1[8]		构件数量:1		本构件钢筋重:256.714kg			
SLJ－1.1	14	3360＋max(240/2,5×d)＋max(240/2,5×d)	13	13	3.6	46.8	56.628
SLJ－1.1	14	1860＋max(240/2,5×d)＋max(240/2,5×d)	23	23	2.1	48.3	58.443
SLJ－2.1	14	3360＋240－25＋15×d＋240－25＋15×d	13	13	4.21	54.73	66.223
SLJ－2.1	14	1860＋240－25＋15×d＋240－25＋15×d	23	23	2.71	62.33	75.419

表 4－8　钢筋按构件计算明细表(3)

筋号	直径	计算公式	根数	总根数	单长(m)	总长(m)	总重(kg)
构件名称:LB－1[1]		构件数量:2		本构件钢筋重:24.635kg			
栏板垂直筋.1	10	500－25＋150－2×25＋12.5×d	4	8	0.7	5.6	3.455
栏板垂直筋.2	10	500＋39×d－25＋150－2×25＋12.5×d	28	56	1.09	61.04	37.662

筋号	直径	计算公式	根数	总根数	单长(m)	总长(m)	总重(kg)
栏板水平筋.1	6	$2040+150-25+12\times d+$ $150-25+12\times d+12.5\times d$	3	6	2.509	15.054	3.914
栏板水平筋.2	6	$2340-25-25$	3	6	2.29	13.74	3.572
栏板拉筋.1	6	$(150-2\times25)+2\times(6.9\times d)$	7	14	0.183	2.562	0.666
构件名称:LB-1[2]		构件数量:2			本构件钢筋重:40.616kg		
栏板垂直筋.1	10	$500-25+150-2\times25+$ $12.5\times d$	4	8	0.7	5.6	3.455
栏板垂直筋.2	10	$500+39\times d-25+150-2\times$ $25+12.5\times d$	48	96	1.09	104.64	64.563
栏板水平筋.1	6	$3540+150-25+12\times d+$ $150-25+12\times d+12.5\times d$	3	6	4.009	24.054	6.254
栏板水平筋.2	6	$3840-25-25$	3	6	3.79	22.74	5.912
栏板拉筋.1	6	$(150-2\times25)+2\times(6.9\times d)$	11	22	0.183	4.026	1.047

表 4-9　钢筋按构件汇总表

构件类型	钢筋总重(kg)	HPB300			HRB400
		6	8	10	14
构造柱	111.34		23.368		87.972
砌体加筋	28.725	28.725			
过梁	21.087	5.602	3.99		11.495
圈梁	155.615	24.548			131.067
现浇板	256.714				256.714
筏板基础	464.41		6.304		458.106
栏板	130.501	21.366		109.135	
合计	1168.391	80.241	33.662	109.135	945.354

4.3.5　综合单价分析表

综合单价分析表见表 4-10 至表 4-53。

表 4 - 10　综合单价分析表(1)

工程名称:防寒小屋工程　　　　　　　　标段:01　　　　　　　　第 1 页　共 44 页

项目编码	010101001001		项目名称	平整场地 1. 土壤类别:Ⅱ类土 2. 弃土运距:就地倒运土	计量单位	m²	工程量	8.99

清单综合单价组成明细								

定额编号	定额名称	定额单位	数量	单价				合价			
				人工费	材料费	机械费	管理费和利润	人工费	材料费	机械费	管理费和利润
1 - 19	平整场地	100m²	0.0553	267.54	0	0	17.29	14.79	0	0	0.96
人工单价		小计						14.79	0	0	0.96
综合工日: 42 元/工日		未计价材料费						0			
清单项目综合单价								15.75			

材料费明细	主要材料名称、规格、型号	单位	数量	单价 (元)	合价 (元)	暂估单价 (元)	暂估合价 (元)

表 4-11 综合单价分析表(2)

工程名称:防寒小屋工程　　　　　　　　标段:01　　　　　　　　第 2 页　共 44 页

项目编码	010101004001	项目名称	挖基坑土方 1. 土壤类别:Ⅱ类土 2. 挖土深度: 1.2m 3. 弃土运距: 坑边	计量单位	m³	工程量	17.48

清单综合单价组成明细

定额编号	定额名称	定额单位	数量	单价				合价			
				人工费	材料费	机械费	管理费和利润	人工费	材料费	机械费	管理费和利润
1-92	挖掘机挖土不装车	1000m³	0.0012	1512.84	46.2	2629.8	134.26	1.85	0.06	3.22	0.16
人工单价			小计					1.85	0.06	3.22	0.16
综合工日: 42元/工日			未计价材料费				0				
清单项目综合单价							5.3				

材料费明细	主要材料名称、规格、型号		单位	数量	单价(元)	合价(元)	暂估单价(元)	暂估合价(元)
	其他材料费				—	0.06	—	0
	材料费小计				—	0.06	—	0

表 4 – 12　综合单价分析表(3)

工程名称:防寒小屋工程　　　　　　　标段:01　　　　　　　第 3 页　共 44 页

| 项目编码 | 010103001001 | 项目名称 | 回填方
1.密实度要求:
压实系数 0.96
2.填方材料品种:2:8 灰土
3.填方来源、运距:坑边 | 计量单位 | m³ | 工程量 | 7.57 |

清单综合单价组成明细

定额编号	定额名称	定额单位	数量	单价				合价			
				人工费	材料费	机械费	管理费和利润	人工费	材料费	机械费	管理费和利润
1 - 27	回填夯实 2:8 灰土	100m³	0.0152	2950.08	3017.9	107.72	190.57	44.78	45.81	1.63	2.89
人工单价		小计						44.78	45.81	1.63	2.89
综合工日:42 元/工日		未计价材料费						0			
清单项目综合单价								95.12			

材料费明细	主要材料名称、规格、型号	单位	数量	单价(元)	合价(元)	暂估单价(元)	暂估合价(元)
	生石灰	t	0.2497	181.78	45.39		
	其他材料费			—	0.42	—	0
	材料费小计			—	45.81	—	0

表 4-13　综合单价分析表(4)

工程名称:防寒小屋工程　　　　　　　　　标段:01　　　　　　　　第 4 页　共 44 页

项目编码	010103001002	项目名称	回填方(房心回填) 1.密实度要求:0.96 2.填方材料品种:3∶7灰土 3.填方来源、运距:坑边	计量单位	m³	工程量	1.50

清单综合单价组成明细

定额编号	定额名称	定额单位	数量	单价				合价			
				人工费	材料费	机械费	管理费和利润	人工费	材料费	机械费	管理费和利润
1-28	回填夯实3∶7灰土	100m³	0.01	2950.08	4512.2	107.72	190.57	29.5	45.12	1.08	1.91
人工单价		小计						29.5	45.12	1.08	1.91
综合工日:42元/工日		未计价材料费						0			
清单项目综合单价								77.59			

材料费明细	主要材料名称、规格、型号	单位	数量	单价(元)	合价(元)	暂估单价(元)	暂估合价(元)
	生石灰	t	0.2467	181.78	44.85		
	其他材料费	—			0.28	—	0
	材料费小计	—			45.12	—	0

表 4-14 综合单价分析表(5)

工程名称:防寒小屋工程　　　　　　　标段:01　　　　　　　第 5 页 共 44 页

项目编码	010103002001		项目名称	余方弃置 1. 废弃料品种:Ⅱ类土 2. 运距:200m	计量单位	m³	工程量	7.59

清单综合单价组成明细

定额编号	定额名称	定额单位	数量	单价				合价			
				人工费	材料费	机械费	管理费和利润	人工费	材料费	机械费	管理费和利润
1-32	单(双)轮车运土 50m	100m³	0.0067	690.48	0	0	44.61	4.61	0	0	0.3
1-33×3	单(双)轮车运土每增 50m 子目×3	100m³	0.0067	332.64	0	0	21.49	2.22	0	0	0.14
人工单价			小计					6.83	0	0	0.44
综合工日: 42 元/工日			未计价材料费					0			
清单项目综合单价								7.27			

材料费明细	主要材料名称、规格、型号					单位	数量	单价(元)	合价(元)	暂估单价(元)	暂估合价(元)

表 4-15 综合单价分析表(6)

工程名称:防寒小屋工程　　　　　　标段:01　　　　　　第 6 页　共 44 页

| 项目编码 | 010401001001 | 项目名称 | 砖基础
1.砖品种、规格、强度等级:MU15 页岩实心砖
2.基础类型:条形基础
3.砂浆强度等级:M7.5 水泥砂浆 | | 计量单位 | m³ | 工程量 | 2.57 |

清单综合单价组成明细

定额编号	定额名称	定额单位	数量	单价				合价			
				人工费	材料费	机械费	管理费和利润	人工费	材料费	机械费	管理费和利润
3-1换	砖基础换为(水泥砂浆M7.5水泥32.5)	10m³	0.1	495.18	1490.8	27.86	168.74	49.52	149.08	2.79	16.87
人工单价		小计						49.52	149.08	2.79	16.87
综合工日:42元/工日		未计价材料费						0			
清单项目综合单价								218.26			

材料费明细	主要材料名称、规格、型号	单位	数量	单价(元)	合价(元)	暂估单价(元)	暂估合价(元)
	水泥32.5	kg	57.82	0.32	18.5		
	标准砖	千块	0.5236	230	120.43		
	其他材料费			—	10.15	—	0
	材料费小计			—	149.08	—	0

表 4-16 **综合单价分析表(7)**

工程名称:防寒小屋工程 标段:01 第 7 页 共 44 页

项目编码	010401004001	项目名称	多孔砖墙 1. 砖品种、规格、强度等级:MU10KP1 型承重多孔砖 2. 墙体类型:外墙 3. 砂浆强度等级、配合比:M7.5 混合砂浆	计量单位	m³	工程量	5.88

清单综合单价组成明细

定额编号	定额名称	定额单位	数量	单价				合价			
				人工费	材料费	机械费	管理费和利润	人工费	材料费	机械费	管理费和利润
3-37	承重黏土多孔砖墙一砖	10m³	0.1	524.58	2114.2	22.33	222.97	52.46	211.42	2.23	22.3
人工单价			小计					52.46	211.42	2.23	22.3
综合工日:42 元/工日			未计价材料费					0			
清单项目综合单价								288.41			

材料费明细	主要材料名称、规格、型号	单位	数量	单价(元)	合价(元)	暂估单价(元)	暂估合价(元)
	水泥 32.5	kg	45.36	0.32	14.52		
	承重黏土多孔砖 240×115×90	千块	0.34	522.4	177.62		
	其他材料费			—	19.29		0
	材料费小计			—	211.42	—	0

表4-17 综合单价分析表(8)

工程名称:防寒小屋工程　　　　　　　　标段:01　　　　　　　　第 8 页　共 44 页

项目编码	010501001001	项目名称	垫层 1.混凝土种类:商品混凝土 2.混凝土强度等级:C15	计量单位	m³	工程量	1.46

清单综合单价组成明细

定额编号	定额名称	定额单位	数量	单价				合价			
				人工费	材料费	机械费	管理费和利润	人工费	材料费	机械费	管理费和利润
B4-1换	C20混凝土,非现场搅拌换为(商品混凝土C15 32.5R)	m³	1	22.26	320.63	1.36	28.84	22.26	320.63	1.36	28.84
人工单价			小计					22.26	320.63	1.36	28.84
综合工日:42元/工日			未计价材料费					0			
清单项目综合单价								373.09			

材料费明细	主要材料名称、规格、型号	单位	数量	单价(元)	合价(元)	暂估单价(元)	暂估合价(元)
	商品混凝土 C15 32.5R	m³	1.005	313	314.57		
	其他材料费			—	6.07	—	0
	材料费小计			—	320.63	—	0

表4-18 综合单价分析表(9)

工程名称:防寒小屋工程　　　　　　　标段:01　　　　　　　第9页 共44页

项目编码	010501004001	项目名称	满堂基础 1.混凝土种类:商品混凝土 2.混凝土强度等级:C30	计量单位	m³	工程量	5.22

| | | | | 清单综合单价组成明细 | | | | | | | |

定额编号	定额名称	定额单位	数量	单价				合价			
				人工费	材料费	机械费	管理费和利润	人工费	材料费	机械费	管理费和利润
B4-1换	C20混凝土,非现场搅拌换为(商品混凝土C30 32.5R)	m³	1	22.26	364.85	1.36	32.55	22.26	364.85	1.36	32.55
人工单价			小计					22.26	364.85	1.36	32.55
综合工日:42元/工日			未计价材料费					0			
	清单项目综合单价							421.02			

材料费明细	主要材料名称、规格、型号		单位	数量	单价(元)	合价(元)	暂估单价(元)	暂估合价(元)
	商品混凝土C30 32.5R		m³	1.005	357	358.79		
	其他材料费			—	6.07	—		0
	材料费小计			—	364.85	—		0

表4-19　综合单价分析表(10)

工程名称:防寒小屋工程　　　　　　　标段:01　　　　　　　第10页　共44页

项目编码	010502002001	项目名称	构造柱 1.混凝土种类:商品混凝土 2.混凝土强度等级:C30	计量单位	m³	工程量	0.95

清单综合单价组成明细

定额编号	定额名称	定额单位	数量	单价				合价			
				人工费	材料费	机械费	管理费和利润	人工费	材料费	机械费	管理费和利润
B4-1换	C20混凝土,非现场搅拌换为(商品混凝土C30 32.5R)	m³	1	22.26	364.85	1.36	32.55	22.26	364.85	1.36	32.55
人工单价			小计					22.26	364.85	1.36	32.55
综合工日:42元/工日			未计价材料费					0			
清单项目综合单价								421.03			

材料费明细	主要材料名称、规格、型号		单位	数量	单价(元)	合价(元)	暂估单价(元)	暂估合价(元)
	商品混凝土C30 32.5R		m³	1.0051	357	358.82		
	其他材料费		—			6.07	—	0
	材料费小计		—			364.89	—	0

表 4-20 综合单价分析表(11)

工程名称:防寒小屋工程 标段:01 第 11 页 共 44 页

项目编码	010503004001	项目名称	圈梁 1. 混凝土种类:商品混凝土 2. 混凝土强度等级:C30	计量单位	m³	工程量	1.26

清单综合单价组成明细

定额编号	定额名称	定额单位	数量	单价				合价			
				人工费	材料费	机械费	管理费和利润	人工费	材料费	机械费	管理费和利润
B4-1换	C20混凝土,非现场搅拌换为(商品混凝土 C30 32.5R)	m³	1	22.26	364.85	1.36	32.55	22.26	364.85	1.36	32.55
人工单价			小计					22.26	364.85	1.36	32.55
综合工日:42 元/工日			未计价材料费					0			
清单项目综合单价								421.02			

材料费明细	主要材料名称、规格、型号	单位	数量	单价(元)	合价(元)	暂估单价(元)	暂估合价(元)
	商品混凝土 C30 32.5R	m³	1.005	357	358.79		
	其他材料费			—	6.07	—	0
	材料费小计			—	364.85	—	0

表4-21 综合单价分析表(12)

工程名称:防寒小屋工程　　　　标段:01　　　　　　　第12页 共44页

项目编码	010503005001	项目名称	过梁 1. 混凝土种类:商品混凝土 2. 混凝土强度等级:C30	计量单位	m³	工程量	0.22

<table>
<tr><td colspan="12" align="center">清单综合单价组成明细</td></tr>
<tr><td rowspan="2">定额编号</td><td rowspan="2">定额名称</td><td rowspan="2">定额单位</td><td rowspan="2">数量</td><td colspan="4">单价</td><td colspan="4">合价</td></tr>
<tr><td>人工费</td><td>材料费</td><td>机械费</td><td>管理费和利润</td><td>人工费</td><td>材料费</td><td>机械费</td><td>管理费和利润</td></tr>
<tr><td>B4-1换</td><td>C20混凝土,非现场搅拌换为(商品混凝土C30 32.5R)</td><td>m³</td><td>1</td><td>22.26</td><td>364.85</td><td>1.36</td><td>32.55</td><td>22.26</td><td>364.85</td><td>1.36</td><td>32.55</td></tr>
<tr><td colspan="4" align="center">人工单价</td><td colspan="4" align="center">小计</td><td>22.26</td><td>364.85</td><td>1.36</td><td>32.55</td></tr>
<tr><td colspan="4" align="center">综合工日:42元/工日</td><td colspan="4" align="center">未计价材料费</td><td colspan="4" align="center">0</td></tr>
<tr><td colspan="4" align="center">清单项目综合单价</td><td colspan="8" align="center">421.03</td></tr>
</table>

材料费明细	主要材料名称、规格、型号	单位	数量	单价(元)	合价(元)	暂估单价(元)	暂估合价(元)
	商品混凝土 C30 32.5R	m³	1.005	357	358.79		
	其他材料费			—	6.07	—	0
	材料费小计			—	364.85	—	0

表4-22 综合单价分析表(13)

工程名称:防寒小屋工程 　　　　　　　　　　标段:01 　　　　　　　　　　第 13 页 共 44 页

项目编码	010504001002	项目名称	直形墙 1.混凝土种类:商品混凝土 2.混凝土强度等级:C30	计量单位	m³	工程量	0.88

清单综合单价组成明细

定额编号	定额名称	定额单位	数量	单价				合价			
				人工费	材料费	机械费	管理费和利润	人工费	材料费	机械费	管理费和利润
B4-1换	C20混凝土,非现场搅拌换为(商品混凝土 C30 32.5R)	m³	1	22.26	364.85	1.36	32.55	22.26	364.85	1.36	32.55

人工单价		小计		22.26	364.85	1.36	32.55
综合工日:42元/工日		未计价材料费		0			
清单项目综合单价				421.02			

材料费明细	主要材料名称、规格、型号	单位	数量	单价(元)	合价(元)	暂估单价(元)	暂估合价(元)
	商品混凝土 C30 32.5R	m³	1.005	357	357		358.79
	其他材料费	—			6.07	—	0
	材料费小计	—			364.85	—	0

表 4-23 综合单价分析表(14)

工程名称:防寒小屋工程　　　　　　　　标段:01　　　　　　　　第 14 页　共 44 页

项目编码	010505003001		项目名称	平板 1. 混凝土种类:商品混凝土 2. 混凝土强度等级:C30	计量单位	m³	工程量	0.63

清单综合单价组成明细

定额编号	定额名称	定额单位	数量	单价				合价			
				人工费	材料费	机械费	管理费和利润	人工费	材料费	机械费	管理费和利润
B4-1换	C20混凝土,非现场搅拌换为(商品混凝土 C30 32.5R)	m³	1	22.26	364.85	1.36	32.55	22.26	364.85	1.36	32.55
人工单价			小计					22.26	364.85	1.36	32.55
综合工日:42元/工日			未计价材料费					0			
清单项目综合单价								421.04			

材料费明细	主要材料名称、规格、型号				单位	数量	单价(元)	合价(元)	暂估单价(元)	暂估合价(元)
	商品混凝土 C30 32.5R				m³	1.0051	357		358.82	
	其他材料费				—		—	6.07	—	0
	材料费小计				—		—	364.89	—	0

表 4-24 综合单价分析表(15)

工程名称:防寒小屋工程　　　　　　　　标段:01　　　　　　　　第 15 页　共 44 页

项目编码	010507001001	项目名称	散水、坡道 1.垫层材料种类、厚度:300mm厚 2:8 灰土垫层宽出 300,100mm 厚 C15 混凝土垫层 2.面层厚度:1:1 水泥砂浆压实赶光 3.混凝土种类:商品混凝土 4.混凝土强度等级:C15	计量单位	m²	工程量	25.74

清单综合单价组成明细

定额编号	定额名称	定额单位	数量	单价				合价			
				人工费	材料费	机械费	管理费和利润	人工费	材料费	机械费	管理费和利润
8-27	混凝土散水面层一次抹光	100m²	0.01	1171.8	1370.6	82.09	219.9	11.72	13.71	0.82	2.2
1-27	回填夯实 2:8 灰土	100m³	0.003	2950.08	3017.9	107.72	190.57	8.77	8.97	0.32	0.57
人工单价		小计						20.49	22.68	1.14	2.77
综合工日:42 元/工日		未计价材料费						0			
清单项目综合单价								47.08			

材料费明细	主要材料名称、规格、型号	单位	数量	单价(元)	合价(元)	暂估单价(元)	暂估合价(元)
	生石灰	t	0.0489	181.78	8.89		
	水泥 32.5	kg	21.5538	0.32	6.9		
	规格料(支撑用)	m³	0.0004	1533	0.61		
	其他材料费			—	6.22	—	0
	材料费小计			—	22.62	—	0

表 4-25 综合单价分析表(16)

工程名称:防寒小屋工程　　　　　　　标段:01　　　　　　　　　第 16 页　共 44 页

项目编码	010507004001	项目名称	台阶 1. 踏步高、宽:高 150、宽 300 2. 混凝土种类:商品混凝土	计量单位	m²	工程量	1.8

清单综合单价组成明细

定额编号	定额名称	定额单位	数量	单价				合价			
				人工费	材料费	机械费	管理费和利润	人工费	材料费	机械费	管理费和利润
B4-1换	C20 混凝土,非现场搅拌换为(商品混凝土 C15 32.5R)	m³	0.164	22.26	320.63	1.36	28.84	3.65	52.58	0.22	4.73
人工单价			小计					3.65	52.58	0.22	4.73
综合工日:42 元/工日			未计价材料费					0			
			清单项目综合单价					61.17			

材料费明细	主要材料名称、规格、型号		单位	数量	单价(元)	合价(元)	暂估单价(元)	暂估合价(元)
	商品混凝土 C15 32.5R		m³	0.1648	313	51.58		
	其他材料费				—	0.99	—	0
	材料费小计				—	52.58	—	0

表 4-26 综合单价分析表(17)

工程名称:防寒小屋工程　　　　　　　标段:01　　　　　　　第 17 页　共 44 页

| 项目编码 | 010515001001 | 项目名称 | 现浇混凝土钢筋 钢筋种类、规格:圆钢 $\phi10$ 以内(含 $\phi10$)0.223t;螺纹钢 $\phi10$ 以上(含 $\phi10$)0.945t | 计量单位 | m² | 工程量 | 1.168 |

清单综合单价组成明细

定额编号	定额名称	定额单位	数量	单价				合价			
				人工费	材料费	机械费	管理费和利润	人工费	材料费	机械费	管理费和利润
4-6	圆钢 $\phi10$ 以内	t	0.1909	728.28	3667.8	42.19	371.88	139.05	700.28	8.06	71
4-8	螺纹钢 $\phi10$ 以上(含 $\phi10$)	t	0.8091	329.28	3942.4	114.32	367.49	266.41	3189.7	92.49	297.33
人工单价			小计					405.46	3890	100.55	368.33
综合工日:42元/工日			未计价材料费					0			
清单项目综合单价								4764.29			

	主要材料名称、规格、型号		单位	数量	单价(元)	合价(元)	暂估单价(元)	暂估合价(元)
材料费明细	圆钢筋(综合)		t	0.1948	3550	691.54		
	螺纹钢筋(综合)		t	0.8455	3700	3128.4		
	其他材料费				—	70.34	—	0
	材料费小计				—	3890.2	—	0

表4－27　综合单价分析表(18)

工程名称：防寒小屋工程　　　　　　　　标段：01　　　　　　　　第18页　共44页

项目编码	010802004001	项目名称	防盗门 1.门代号及洞口尺寸:M1021 2.门框或扇外围尺寸:1000×2100 3.门框、扇材质:钢制	计量单位	m²	工程量	2.1

清单综合单价组成明细

定额编号	定额名称	定额单位	数量	单价				合价			
				人工费	材料费	机械费	管理费和利润	人工费	材料费	机械费	管理费和利润
10－969	防盗装饰门窗安装三防门	100m²	0.01	1900	55000	38.26	4173.05	19	550	0.38	41.73
人工单价		小计						19	550	0.38	41.73
综合工日(装饰): 50元/工日		未计价材料费						0			
清单项目综合单价								611.11			

材料费明细	主要材料名称、规格、型号	单位	数量	单价(元)	合价(元)	暂估单价(元)	暂估合价(元)
	三防门	m²	1	550	550		
	材料费小计			—	550	—	0

表 4-28　综合单价分析表(19)

工程名称:防寒小屋工程　　　　　　　标段:01　　　　　　　　　第 19 页　共 44 页

项目编码	010807001001	项目名称	金属（塑钢、断桥）窗 1.窗代号及洞口尺寸:C1 2.框、扇材质:塑钢窗	计量单位	m²	工程量	3.6

| | | | | 清单综合单价组成明细 | | | | | | |

定额编号	定额名称	定额单位	数量	单价				合价			
				人工费	材料费	机械费	管理费和利润	人工费	材料费	机械费	管理费和利润
10-965	塑钢门窗安装塑钢窗	100m²	0.01	1250	21860	26.4	1695.7	12.5	218.6	0.26	16.96
人工单价		小计						12.5	218.6	0.26	16.96
综合工日(装饰):50 元/工日		未计价材料费						0			
清单项目综合单价								248.31			

材料费明细	主要材料名称、规格、型号	单位	数量	单价(元)	合价(元)	暂估单价(元)	暂估合价(元)
	塑钢窗	m²	0.948	198	187.7		
	其他材料费	—			30.9	—	0
	材料费小计	—			218.6	—	0

表 4-29 综合单价分析表(20)

工程名称:防寒小屋工程　　　　　　　　标段:01　　　　　　　　第 20 页　共 44 页

项目编码	010809004001	项目名称	石材窗台板 1. 黏结层厚度、砂浆配合比:水泥砂浆1:2.5 2. 窗台板材质、规格、颜色:大理石板25mm厚	计量单位	m²	工程量	0.48

清单综合单价组成明细

定额编号	定额名称	定额单位	数量	单价				合价			
				人工费	材料费	机械费	管理费和利润	人工费	材料费	机械费	管理费和利润
10-1011	窗台板窗台板(厚25mm)大理	100m²	0.01	3350	24918	59.04	2076.08	33.5	249.18	0.59	20.76
人工单价		小计						33.5	249.18	0.59	20.76
综合工日(装饰):50元/工日		未计价材料费						0			
清单项目综合单价								304.02			

材料费明细	主要材料名称、规格、型号	单位	数量	单价(元)	合价(元)	暂估单价(元)	暂估合价(元)
	水泥 32.5	kg	10.185	0.32	3.26		
	其他材料费			—	245.92	—	0
	材料费小计			—	249.18	—	0

表 4-30 综合单价分析表(21)

工程名称:防寒小屋工程　　　　　　　　标段:01　　　　　　　第 21 页 共 44 页

| 项目编码 | 010902001001 | 项目名称 | 屋面卷材防水 1.卷材品种、规格、厚度:SBS改性沥青防水卷材(双层热贴) 2.防水层数:双层 3.防水层做法:3+3厚双层热熔法,面层涂聚氨酯铝粉作着色剂保护层 | 计量单位 | m² | 工程量 | 10.57 |

清单综合单价组成明细

定额编号	定额名称	定额单位	数量	单价				合价			
				人工费	材料费	机械费	管理费和利润	人工费	材料费	机械费	管理费和利润
9-27	改性沥青卷材热熔法	100m²	0.01	191.52	2202.5	0	200.59	1.92	22.02	0	2.01
9-63	防水层上浅色涂料保护层,聚氨酯铝粉着色剂	100m²	0.01	57.96	606	0	55.63	0.58	6.06	0	0.56
人工单价			小计					2.49	28.08	0	2.56
综合工日:42 元/工日			未计价材料费					0			
清单项目综合单价								33.13			

材料费明细	主要材料名称、规格、型号	单位	数量	单价(元)	合价(元)	暂估单价(元)	暂估合价(元)
	水泥 32.5	kg	0.1653	0.32	0.05		
	改性沥青卷材	m²	1.2341	14.8	18.26		
	其他材料费	—			9.78	—	0
	材料费小计	—			28.09	—	0

表4-31 综合单价分析表(22)

工程名称:防寒小屋工程　　　　　　　　标段:01　　　　　　　　第22页　共44页

| 项目编码 | 011001001001 | 项目名称 | 保温隔热屋面保温隔热材料品种、规格、厚度:水泥炉渣找坡层最薄处20mm厚(1:6),平均100mm厚,100mm厚挤塑苯保温板 | 计量单位 | m² | 工程量 | 7.22 |

清单综合单价组成明细

定额编号	定额名称	定额单位	数量	单价				合价			
				人工费	材料费	机械费	管理费和利润	人工费	材料费	机械费	管理费和利润
9-56	水泥炉渣找坡层(1:6)	10m³	0.01	301.98	1167	0	123.08	3.02	11.67	0	1.23
9-53	挤塑聚苯板	10m³	0.01	627.9	1818	0	204.94	6.28	18.18	0	2.05
人工单价		小计						9.3	29.85	0	3.28
综合工日:42元/工日		未计价材料费						0			
清单项目综合单价								42.43			

材料费明细	主要材料名称、规格、型号			单位	数量	单价(元)	合价(元)	暂估单价(元)	暂估合价(元)
	其他材料费					—	29.85	—	0
	材料费小计					—	29.85	—	0

表 4 – 32 综合单价分析表(23)

工程名称:防寒小屋工程　　　　　　标段:01　　　　　　　第 23 页 共 44 页

项目编码	011001003001	项目名称	保温隔热墙面 1.保温隔热部位:外墙 2.保温隔热方式:铺贴 3.保温隔热材料品种、规格及厚度:50mm厚挤塑聚苯板	计量单位	m²	工程量	50.74

清单综合单价组成明细

定额编号	定额名称	定额单位	数量	单价				合价			
				人工费	材料费	机械费	管理费和利润	人工费	材料费	机械费	管理费和利润
B9 - 10×2	外墙外保温层(板材),贴挤塑板子目×2	100m²	0.01	2016	6640.3	0	725.31	20.16	66.4	0	7.25
人工单价			小计					20.16	66.4	0	7.25
综合工日: 42元/工日			未计价材料费					0			
清单项目综合单价								93.81			

材料费明细	主要材料名称、规格、型号		单位	数量	单价(元)	合价(元)	暂估单价(元)	暂估合价(元)
	水泥 32.5		kg	4.96	0.32	1.59		
	挤塑板 25mm 厚		m²	2.05	22.9	46.95		
	胶粘剂		kg	4.96	3	14.88		
	其他材料费				—	2.99	—	0
	材料费小计				—	66.4	—	0

表 4 – 33 综合单价分析表(24)

工程名称:防寒小屋工程　　　　　　　　　标段:01　　　　　　　　　第 24 页 共 44 页

项目编码	011101006001	项目名称	平面砂浆找平层 找平层厚度、砂 浆配合比: 20mm 厚 1：3 水泥砂浆找平层	计量 单位	m²	工程量	7.22

清单综合单价组成明细

定额 编号	定额 名称	定额 单位	数量	单价				合价			
				人工费	材料费	机械费	管理费 和利润	人工费	材料费	机械费	管理费 和利润
8 - 21 换	找 平 层, 水泥砂浆 找平在填 充材料上 换为 (20mm 厚水泥砂 浆 1：3)	100m²	0.01	351.12	438.53	29.77	68.66	3.51	4.39	0.3	0.69
人工单价		小计						3.51	4.39	0.3	0.69
综合工日: 42 元/工日		未计价材料费						0			
清单项目综合单价								8.89			

材 料 费 明 细	主要材料名称、规格、型号	单位	数量	单价 (元)	合价 (元)	暂估 单价 (元)	暂估 合价 (元)
	水泥 32.5	kg	10.2212	0.32	3.27		
	其他材料费			—	1.11	—	0
	材料费小计			—	4.39	—	0

表4-34 综合单价分析表(25)

工程名称:防寒小屋工程　　　　　　　标段:01　　　　　　　　第25页 共44页

| 编码 | 011102003001 | 项目名称 | 块料楼地面
1.找平层厚度、砂浆配合比:素水泥浆(掺建筑胶)一道,20mm厚1:3水泥砂浆(掺建筑胶)找平层
2.结合层厚度、砂浆配合比:5mm厚1:2.5水泥砂浆(掺建筑胶)结合层
3.面层材料品种、规格、颜色:600×600陶瓷地砖 | 计量单位 | m² | 工程量 | 7.41 |

清单综合单价组成明细

定额编号	定额名称	定额单位	数量	单价				合价			
				人工费	材料费	机械费	管理费和利润	人工费	材料费	机械费	管理费和利润
10-70	陶瓷地砖楼地面周长在2000(mm以外)	100m²	0.01	1700.5	9901.8	82.84	856.41	17.01	99.02	0.83	8.56
B4-1换	C20混凝土,非现场搅拌换为(商品混凝土C15 32.5R)	m³	0.06	22.26	320.63	1.36	28.84	1.34	19.24	0.08	1.73
人工单价			小计					18.34	118.26	0.91	10.29
综合工日:42元/工日 综合工日(装饰):50元/工日			未计价材料费					0			

清单项目综合单价					147.8		
材料费明细	主要材料名称、规格、型号	单位	数量	单价（元）	合价（元）	暂估单价（元）	暂估合价（元）
	水泥 32.5	kg	11.3332	0.32	3.63		
	建筑胶	kg	0.09702	7	0.68		
	陶瓷地面砖周长 2000mm 以外	m²	1.035	90	93.15		
	商品混凝土 C15 32.5R	m³	0.0603	313	18.87		
	其他材料费			—	1.92	—	0
	材料费小计			—	118.25	—	0

表 4 – 35 综合单价分析表(26)

工程名称:防寒小屋工程　　　　　　　标段:01　　　　　　　　第 26 页　共 44 页

| 项目编码 | 011105003001 | 项目名称 | 块料踢脚线
1. 踢脚线高度:100mm
2. 粘贴层厚度、材料种类:素水泥浆(掺建筑胶)一道,5mm 厚 1:2.5 水泥砂浆(掺建筑胶),8mm 厚 1:3 水泥砂浆(掺建筑胶) | 计量单位 | m² | 工程量 | 0.99 |

清单综合单价组成明细

定额编号	定额名称	定额单位	数量	单价				合价			
				人工费	材料费	机械费	管理费和利润	人工费	材料费	机械费	管理费和利润
10 - 73	陶瓷地砖踢脚线	100m²	0.01	2140	7002.5	59.87	674.45	21.4	70.03	0.6	6.74
人工单价		小计						21.4	70.03	0.6	6.74
综合工日(装饰):50 元/工日		未计价材料费						0			
清单项目综合单价								98.77			

材料费明细	主要材料名称、规格、型号	单位	数量	单价(元)	合价(元)	暂估单价(元)	暂估合价(元)
	水泥 32.5	kg	6.78273	0.32	2.17		
	建筑胶	kg	0.0704	7	0.49		
	陶瓷地面砖周长 1200mm 以内	m²	1.02	65	66.3		
	其他材料费			—	1.07	—	0
	材料费小计			—	70.03	—	0

表 4-36　综合单价分析表(27)

工程名称:防寒小屋工程　　　　　　　标段:01　　　　　　　　第 27 页　共 44 页

| 项目编码 | 011107002001 | 项目名称 | 块料台阶面
1. 找平层厚度、砂浆配合比：素水泥浆（掺建筑胶）一道，20mm 厚1：3水泥砂浆（掺建筑胶）找平层
2. 黏结材料种类：5mm 厚1：1水泥砂浆（掺建筑胶）
3. 面层材料品种、规格、颜色：300 × 300防滑地砖 | 计量单位 | m² | 工程量 | 0.9 |

清单综合单价组成明细

定额编号	定额名称	定额单位	数量	单价				合价			
				人工费	材料费	机械费	管理费和利润	人工费	材料费	机械费	管理费和利润
10-72	陶瓷地砖 台阶	100m²	0.01	2310	11179	110.72	996.7	23.1	111.79	1.11	9.97
人工单价		小计						23.1	111.79	1.11	9.97
综合工日(装饰)：50元/工日		未计价材料费						0			
清单项目综合单价								145.97			

材料费明细	主要材料名称、规格、型号	单位	数量	单价（元）	合价（元）	暂估单价（元）	暂估合价（元）
	水泥 32.5	kg	18.7808	0.32	6.01		
	建筑胶	kg	0.1443	7	1.01		
	陶瓷地面砖周长 1200mm 以内	m²	1.569	65	101.99		
	其他材料费			—	2.74	—	0
	材料费小计			—	111.75	—	0

表 4 - 37　综合单价分析表(28)

工程名称:防寒小屋工程　　　　　　　　标段:01　　　　　　第 28 页　共 44 页

项目编码	011201001001	项目名称	墙面一般抹灰 1. 墙体类型: 栏板 2. 底层厚度、砂浆配合比: 12mm 厚 1:3 水泥砂浆打底扫毛 3. 面层厚度、砂浆配合比: 8mm 厚 1:2.5 水泥砂浆抹面 4. 装饰面材料种类:外墙涂料	计量单位	m²	工程量	11.76

清单综合单价组成明细

定额编号	定额名称	定额单位	数量	单价				合价			
				人工费	材料费	机械费	管理费和利润	人工费	材料费	机械费	管理费和利润
10-245	水泥砂浆 外混凝土墙面 20mm 厚	100m²	0.01	904	646.93	28.36	115.75	9.04	6.47	0.28	1.16
人工单价			小计					9.04	6.47	0.28	1.16
综合工日(装饰): 50 元/工日			未计价材料费					0			
清单项目综合单价								16.94			

材料费明细	主要材料名称、规格、型号	单位	数量	单价 (元)	合价 (元)	暂估单价 (元)	暂估合价 (元)
	水泥 32.5	kg	10.0776	0.32	3.22		
	其他材料费	—			3.3	—	0
	材料费小计	—			6.53	—	0

表4-38 综合单价分析表(29)

工程名称:防寒小屋工程　　　　　标段:01　　　　　第 29 页　共 44 页

| 项目编码 | 011201001002 | 项目名称 | 墙面一般抹灰(内墙)
1.墙体类型:砖墙
2.底层厚度、砂浆配合比:10mm 厚 1：3 水泥砂浆打底
3.面层厚度、砂浆配合比:6mm 厚 1：2.5 水泥砂浆抹面,压实赶光
4.装饰面材料种类:涂料 | 计量单位 | m² | 工程量 | 27.71 |

清单综合单价组成明细

定额编号	定额名称	定额单位	数量	单价				合价			
				人工费	材料费	机械费	管理费和利润	人工费	材料费	机械费	管理费和利润
10-247	水泥砂浆内砖墙面16mm厚	100m²	0.01	583	346.82	21.98	69.75	5.83	3.47	0.22	0.7
人工单价			小计					5.83	3.47	0.22	0.7
综合工日(装饰):50元/工日			未计价材料费					0			
清单项目综合单价								10.21			

材料费明细	主要材料名称、规格、型号	单位	数量	单价(元)	合价(元)	暂估单价(元)	暂估合价(元)
	水泥 32.5	kg	7.9925	0.32	2.56		
	其他材料费			—	0.97		0
	材料费小计			—	3.53	—	0

表4-39 综合单价分析表(30)

工程名称:防寒小屋工程 　　　　　　标段:01 　　　　　　第30页 共44页

项目编码	011201001003	项目名称	墙面一般抹灰（外墙面） 1.墙体类型：砖墙 2.底层厚度、砂浆配合比：12mm厚1：3水泥砂浆打底扫毛 3.面层厚度、砂浆配合比：8mm厚1：2.5水泥砂浆抹面 4.装饰面材料种类:外墙涂料	计量单位	m²	工程量	24.86

清单综合单价组成明细

定额编号	定额名称	定额单位	数量	单价				合价			
				人工费	材料费	机械费	管理费和利润	人工费	材料费	机械费	管理费和利润
10-244	水泥砂浆外砖墙面20mm厚	100m²	0.01	789.5	432.74	26.94	91.55	7.9	4.33	0.27	0.92
人工单价			小计					7.9	4.33	0.27	0.92
综合工日(装饰)：50元/工日			未计价材料费				0				
清单项目综合单价							13.42				

材料费明细	主要材料名称、规格、型号	单位	数量	单价（元）	合价（元）	暂估单价（元）	暂估合价（元）
	水泥32.5	kg	10.0372	0.32	3.21		
	其他材料费			—	1.02	—	0
	材料费小计			—	4.23	—	0

表 4 - 40 综合单价分析表(31)

项目编码	011204003001	项目名称	块料墙面 1. 墙体类型:砖墙 2. 安装方式:粘贴 3. 面层材料品种、规格、颜色:花岗岩板	计量单位	m²	工程量	13.59

清单综合单价组成明细

定额编号	定额名称	定额单位	数量	单价				合价			
				人工费	材料费	机械费	管理费和利润	人工费	材料费	机械费	管理费和利润
10 - 337	挂贴花岗岩,砖墙面	100m²	0.01	4390.5	26952	266.61	2316.66	43.91	269.52	2.67	23.17
人工单价			小计					43.91	269.52	2.67	23.17
综合工日(装饰):50 元/工日			未计价材料费					0			
			清单项目综合单价					339.27			

材料费明细	主要材料名称、规格、型号	单位	数量	单价(元)	合价(元)	暂估单价(元)	暂估合价(元)
	水泥 32.5	kg	26.9175	0.32	8.61		
	花岗岩板	m²	1.02	240	244.8		
	其他材料费			—	16.11	—	0
	材料费小计			—	269.52	—	0

表 4 - 41　综合单价分析表(32)

工程名称:防寒小屋工程　　　　　　　　标段:01　　　　　　　　第 32 页　共 44 页

项目编码	011301001001	项目名称	天棚抹灰 1. 基层类型:现浇混凝土板 2. 抹灰厚度、材料种类:素水泥浆(掺建筑胶)一道,5mm 厚水泥砂浆 1:3 3. 砂浆配合比:5mm 厚水泥砂浆 1:2.5	计量单位	m²	工程量	6.25

清单综合单价组成明细

定额编号	定额名称	定额单位	数量	单价				合价			
				人工费	材料费	机械费	管理费和利润	人工费	材料费	机械费	管理费和利润
10-660	现浇混凝土天棚面抹灰	100m²	0.01	791	364.58	21.27	86.25	7.91	3.65	0.21	0.86
人工单价			小计					7.91	3.65	0.21	0.86
综合工日(装饰):50 元/工日			未计价材料费					0			
清单项目综合单价								12.63			

材料费明细	主要材料名称、规格、型号	单位	数量	单价(元)	合价(元)	暂估单价(元)	暂估合价(元)
	水泥 32.5	kg	7.8139	0.32	2.5		
	建筑胶	kg	0.036	7	0.25		
	其他材料费			—	0.95	—	0
	材料费小计			—	3.7	—	0

表 4－42　综合单价分析表(33)

工程名称:防寒小屋工程　　　　　　　　　标段:01　　　　　　　　　

| 项目编码 | 011407001001 | 项目名称 | 墙面喷刷涂料
1.基层类型:砖
2.喷刷涂料部位:外墙勒脚上
3.涂料品种、喷刷遍数:丙烯酸无光外墙乳胶漆 | 计量单位 | m² | 工程量 | 36.62 |

清单综合单价组成明细

定额编号	定额名称	定额单位	数量	单价				合价			
				人工费	材料费	机械费	管理费和利润	人工费	材料费	机械费	管理费和利润
10－1419	涂料外墙喷丙烯酸无光外用乳胶漆,抹灰面	100m²	0.01	200	2065.8	262.78	185.33	2	20.66	2.63	1.85
人工单价		小计						2	20.66	2.63	1.85
综合工日(装饰):50 元/工日		未计价材料费						0			
清单项目综合单价								27.14			

材料费明细	主要材料名称、规格、型号	单位	数量	单价(元)	合价(元)	暂估单价(元)	暂估合价(元)
	建筑胶	kg	0.8	7	5.6		
	丙烯酸无光外墙乳胶漆	kg	0.57	17.78	10.13		
	其他材料费			—	4.92	—	0
	材料费小计			—	20.66	—	0

表 4-43 综合单价分析表(34)

工程名称:防寒小屋工程　　　　　　　　　标段:01　　　　　　　　　第 34 页 共 44 页

项目编码	011407001002	项目名称	墙面喷刷涂料 1.基层类型:砖 2.喷刷涂料部位:内墙 3.涂料品种、喷刷遍数:乳胶漆两遍	计量单位	m²	工程量	27.71

清单综合单价组成明细

定额编号	定额名称	定额单位	数量	单价				合价			
				人工费	材料费	机械费	管理费和利润	人工费	材料费	机械费	管理费和利润
10-1331	抹灰面油漆乳胶漆抹灰面两遍	100m²	0.01	560	442.08	0	73.44	5.6	4.42	0	0.73
人工单价			小计					5.6	4.42	0	0.73
综合工日(装饰):50 元/工日			未计价材料费					0			
清单项目综合单价								10.75			

材料费明细	主要材料名称、规格、型号				单位	数量	单价(元)	合价(元)	暂估单价(元)	暂估合价(元)
	其他材料费						—	4.42	—	0
	材料费小计						—	4.42	—	0

表4-44 综合单价分析表(35)

工程名称:防寒小屋工程　　　　　　　　标段:01　　　　　　　　第35页 共44页

| 项目编码 | 011407002001 | 项目名称 | 天棚喷刷涂料
1. 基层类型:混凝土
2. 喷刷涂料部位:天棚
3. 涂料品种、喷刷遍数:墙面钙塑涂料(成品) | 计量单位 | m² | 工程量 | 6.25 |

清单综合单价组成明细

定额编号	定额名称	定额单位	数量	单价				合价			
				人工费	材料费	机械费	管理费和利润	人工费	材料费	机械费	管理费和利润
10-1402	涂料墙面钙塑涂料(成品),内墙及天棚面	100m²	0.01	140	2266.5	0	176.37	1.4	22.66	0	1.76
人工单价		小计						1.4	22.66	0	1.76
综合工日(装饰):50元/工日		未计价材料费						0			
清单项目综合单价								25.82			

材料费明细	主要材料名称、规格、型号				单位	数量	单价(元)	合价(元)	暂估单价(元)	暂估合价(元)
	其他材料费						—	22.66	—	0
	材料费小计						—	22.66	—	0

表 4-45 综合单价分析表(36)

工程名称:防寒小屋工程　　　　　　　　　标段:01　　　　　　　　第 36 页　共 44 页

项目编码	11		项目名称	混凝土、钢筋混凝土模板及支架	计量单位	项	工程量	1
清单综合单价组成明细								
定额编号	定额名称	定额单位	数量	单价				合价			

定额编号	定额名称	定额单位	数量	人工费	材料费	机械费	管理费和利润	人工费	材料费	机械费	管理费和利润

注:1. 如不使用省级或行业建设主管部门发布的计价依据,可不填定额编号、名称等;

　2. 招标文件提供了暂估单价的材料,按暂估的单价填入表内"暂估单价"栏及"暂估合价"栏。

表4-46 综合单价分析表(37)

工程名称:防寒小屋工程   标段:01   第 37 页 共 44 页

项目编码		12		项目名称		脚手架	计量单位	项	工程量	1

清单综合单价组成明细

定额编号	定额名称	定额单位	数量	单价				合价			
				人工费	材料费	机械费	管理费和利润	人工费	材料费	机械费	管理费和利润
13-1	外脚手架钢管架,15m以内	100m²	0.5068	301.98	579.99	59.04	78.85	153.043	293.94	29.921	39.9612
13-8	里脚手架里钢管架,基本层3.6m	100m²	0.0899	428.78	104.04	20.14	46.34	38.5473	9.3532	1.8106	4.16597
人工单价		小计						191.591	303.29	31.732	44.1271
综合工日:42元/工日		未计价材料费						0			
清单项目综合单价								570.74			

材料费明细	主要材料名称、规格、型号				单位	数量	单价(元)	合价(元)	暂估单价(元)	暂估合价(元)
	其他材料费						—	303.27	—	0
	材料费小计						—	303.27	—	0

表 4 - 47　综合单价分析表(38)

工程名称:防寒小屋工程　　　　　　　　　标段:01　　　　　　　　　第 38 页　共 44 页

项目编码	011702001001		项目名称	基础	计量单位	m²	工程量	1

清单综合单价组成明细

定额编号	定额名称	定额单位	数量	单价				合价			
				人工费	材料费	机械费	管理费和利润	人工费	材料费	机械费	管理费和利润
4 - 29	现浇构件模板混凝土基础垫层	m³	1.46	7.14	30.82	0.41	3.21	10.4244	44.997	0.5986	4.6866
4 - 23	现浇构件模板无梁式满堂基础	m³	5.22	3.78	3.24	1.82	0.74	19.7316	16.913	9.5004	3.8628
人工单价		小计						30.156	61.91	10.099	8.5494
综合工日:42 元/工日		未计价材料费						0			
清单项目综合单价								110.71			

材料费明细	主要材料名称、规格、型号	单位	数量	单价(元)	合价(元)	暂估单价(元)	暂估合价(元)
	规格料(支撑用)	m³	0.0329	1533	50.44		
	组合钢模板	kg	0.8874	4.95	4.39		
	其他材料费	—			7	—	0
	材料费小计	—			61.83	—	0

表 4 - 48 综合单价分析表(39)

工程名称:防寒小屋工程　　　　　　　　标段:01　　　　　　　　第 39 页　共 44 页

项目编码	011702003001		项目名称	构造柱	计量单位	m²	工程量	9.27

清单综合单价组成明细										
定额编号	定额名称	定额单位	数量	单价				合价		
				人工费	材料费	机械费	管理费和利润	人工费	材料费	机械费	管理费和利润
4－35	现浇构件模板构造柱	m³	0.1025	111.3	62.98	7.78	15.25	11.4061	6.4543	0.7973	1.56284
人工单价			小计					11.4061	6.4543	0.7973	1.56284
综合工日:42 元/工日			未计价材料费					0			
		清单项目综合单价						20.22			

材料费明细	主要材料名称、规格、型号	单位	数量	单价(元)	合价(元)	暂估单价(元)	暂估合价(元)
	规格料(支撑用)	m³	0.0004	1533	0.61		
	组合钢模板	kg	0.4171	4.95	2.06		
	其他材料费	—			3.76	—	0
	材料费小计	—			6.44	—	0

表4-49 综合单价分析表(40)

工程名称:防寒小屋工程　　　　　　　　　标段:01　　　　　　　　第40页 共44页

项目编码	011702016001	项目名称		平板	计量单位	m²	工程量	6.25

清单综合单价组成明细											
定额编号	定额名称	定额单位	数量	单价				合价			
				人工费	材料费	机械费	管理费和利润	人工费	材料费	机械费	管理费和利润
4-51	现浇构件模板平板板厚10cm以内	m³	0.1008	186.9	155.29	25.03	30.76	18.8395	15.653	2.523	3.10061
人工单价		小计						18.8395	15.653	2.523	3.10061
综合工日:42元/工日		未计价材料费						0			
清单项目综合单价								40.11			

材料费明细	主要材料名称、规格、型号	单位	数量	单价(元)	合价(元)	暂估单价(元)	暂估合价(元)
	规格料(支撑用)	m³	0.0034	1533	5.21		
	组合钢模板	kg	0.8457	4.95	4.19		
	其他材料费	—			6.21		0
	材料费小计	—			15.61	—	0

表 4 - 50 综合单价分析表(41)

工程名称:防寒小屋工程　　　　　　　　标段:01　　　　　　　　第 41 页　共 44 页

项目编码	010504001001	项目名称	直形墙	计量单位	m³	工程量	0.88

清单综合单价组成明细

定额编号	定额名称	定额单位	数量	单价				合价			
				人工费	材料费	机械费	管理费和利润	人工费	材料费	机械费	管理费和利润
4 - 43	现浇构件模板混凝土直形墙,墙厚20cm以内	m³	1	173.88	138.19	21.47	27.94	173.88	138.19	21.47	27.94
人工单价		小计						173.88	138.19	21.47	27.94
综合工日:42元/工日		未计价材料费						0			
清单项目综合单价								361.49			

材料费明细	主要材料名称、规格、型号			单位	数量	单价(元)	合价(元)	暂估单价(元)	暂估合价(元)
	规格料(支撑用)			m³	0.007	1533	10.73		
	组合钢模板			kg	10.67	4.95	52.82		
	其他材料费				—		74.65	—	0
	材料费小计				—		138.19	—	0

表 4-51 综合单价分析表(42)

工程名称:防寒小屋工程　　　　　　　　标段:01　　　　　　　　第 42 页　共 44 页

项目编码	011702008001		项目名称		圈梁	计量单位	m²	工程量	9.44

清单综合单价组成明细

定额编号	定额名称	定额单位	数量	单价				合价			
				人工费	材料费	机械费	管理费和利润	人工费	材料费	机械费	管理费和利润
4-39	现浇构件模板圈过梁	m³	0.1335	159.18	130.92	8.98	25.06	21.2465	17.474	1.1986	3.34487
人工单价			小计					21.2465	17.474	1.1986	3.34487
综合工日:42 元/工日			未计价材料费					0			
		清单项目综合单价						43.27			

材料费明细	主要材料名称、规格、型号					单位	数量	单价(元)	合价(元)	暂估单价(元)	暂估合价(元)
	规格料(支撑用)					m³	0.0055	1533	8.43		
	组合钢模板					kg	0.8436	4.95	4.18		
	其他材料费					—			4.91	—	0
	材料费小计					—			17.52	—	0

表 4 - 52 综合单价分析表 (43)

工程名称:防寒小屋工程　　　　　　　　标段:01　　　　　　第 43 页　共 44 页

| 项目编码 | 011702009001 | 项目名称 | 过梁 | 计量单位 | m² | 工程量 | 2.68 |

清单综合单价组成明细

定额编号	定额名称	定额单位	数量	单价				合价			
				人工费	材料费	机械费	管理费和利润	人工费	材料费	机械费	管理费和利润
4 - 39	现浇构件模板圈过梁	m³	0.0821	159.18	130.92	8.98	25.06	13.067	10.747	0.7372	2.05716
人工单价		小计						13.067	10.747	0.7372	2.05716
综合工日:42 元/工日		未计价材料费						0			
清单项目综合单价								26.61			

材料费明细	主要材料名称、规格、型号	单位	数量	单价(元)	合价(元)	暂估单价(元)	暂估合价(元)
	规格料(支撑用)	m³	0.0034	1533	5.21		
	组合钢模板	kg	0.5188	4.95	2.57		
	其他材料费			—	3.02	—	0
	材料费小计			—	10.8	—	0

表 4-53 综合单价分析表(44)

工程名称:防寒小屋工程　　　　　　　　标段:01　　　　　　　　第 44 页　共 44 页

项目编码	011702027001		项目名称		台阶	计量单位	m²	工程量	1.8

清单综合单价组成明细

定额编号	定额名称	定额单位	数量	单价				合价			
				人工费	材料费	机械费	管理费和利润	人工费	材料费	机械费	管理费和利润
4-65	现浇构件模板台阶	10m²	0.1	108.36	112.05	4.69	18.86	10.836	11.205	0.469	1.886
人工单价		小计						10.836	11.205	0.469	1.886
综合工日:42元/工日		未计价材料费						0			
清单项目综合单价								24.39			

材料费明细	主要材料名称、规格、型号				单位	数量	单价(元)	合价(元)	暂估单价(元)	暂估合价(元)
	规格料(支撑用)				m³	0.0066	1533	10.12		
	其他材料费				—			1.09	—	0
	材料费小计				—			11.2	—	0

4.3.6 分部分项工程和单价措施项目清单与计价表

分部分项工程和单价措施项目清单与计价表见表 4-54 至 4-61。

表 4-54 分部分项工程和单价措施项目清单与计价表(1)

工程名称:防寒小屋工程   第 1 页 共 8 页

序号	项目编码	项目名称	计量单位	工程量	金额(元)		
					综合单价	合价	其中
							暂估价
1	010101001001	平整场地 1.土壤类别:Ⅱ类土 2.弃土运距:就地倒运土	m²	8.99	15.75	141.59	
2	010101004001	挖基坑土方 1.土壤类别:Ⅱ类土 2.挖土深度:1.2m 3.弃土运距:坑边	m³	17.48	5.3	92.64	
3	010103001001	回填方 1.密实度要求:压实系数0.96 2.填方材料品种:2:8灰土 3.填方来源、运距:坑边	m³	7.57	95.12	720.06	
4	010103001002	回填方(房心回填) 1.密实度要求:0.96 2.填方材料品种:3:7灰土 3.填方来源、运距:坑边	m³	1.50	77.59	116.38	
5	010103002001	余方弃置 1.废弃料品种:Ⅱ类土 2.运距:200m	m³	7.59	7.27	55.18	
6	010401001001	砖基础 1.砖品种、规格、强度等级:MU15页岩实心砖 2.基础类型:条形基础 3.砂浆强度等级:M7.5水泥砂浆	m³	2.57	218.26	560.93	
		本页小计				1748.21	

注:为计取规费等的使用,可在表中增设其中:"定额人工费"。

表4-55 分部分项工程和单价措施项目清单与计价表(2)

工程名称:防寒小屋工程 　　　　　　　　　　　　　　　　　　　第2页 共8页

序号	项目编码	项目名称	计量单位	工程量	金额(元)		其中
					综合单价	合价	暂估价
7	010401004001	多孔砖墙 1.砖品种、规格、强度等级:MU10KP1型承重多孔砖 2.墙体类型:外墙 3.砂浆强度等级、配合比:M7.5混合砂浆	m³	5.88	288.41	1695.85	
8	010501001001	垫层 1.混凝土种类:商品混凝土 2.混凝土强度等级:C15	m³	1.46	373.09	544.71	
9	010501004001	满堂基础 1.混凝土种类:商品混凝土 2.混凝土强度等级:C30	m³	5.22	421.02	2197.72	
10	010502002001	构造柱 1.混凝土种类:商品混凝土 2.混凝土强度等级:C30	m³	0.95	421.03	399.98	
11	010503004001	圈梁 1.混凝土种类:商品混凝土 2.混凝土强度等级:C30	m³	1.26	421.02	530.49	
12	010503005001	过梁 1.混凝土种类:商品混凝土 2.混凝土强度等级:C30	m³	0.22	421.03	92.63	
		本页小计				5449.84	

注:为计取规费等的使用,可在表中增设其中:"定额人工费"。

表4-56 分部分项工程和单价措施项目清单与计价表(3)

工程名称:防寒小屋工程   第3页 共8页

序号	项目编码	项目名称	计量单位	工程量	综合单价	合价	其中暂估价
13	010504001002	直形墙 1.混凝土种类:商品混凝土 2.混凝土强度等级:C30	m³	0.88	421.02	370.5	
14	010505003001	平板 1.混凝土种类:商品混凝土 2.混凝土强度等级:C30	m³	0.63	421.04	265.26	
15	010507001001	散水、坡道 1.垫层材料种类、厚度:300mm厚2:8灰土垫层宽出300,100mm厚C15混凝土垫层 2.面层厚度:1:1水泥砂浆压实赶光 3.混凝土种类:商品混凝土 4.混凝土强度等级:C15	m²	25.74	47.08	1211.84	
16	010507004001	台阶 1.踏步高、宽:高150、宽300 2.混凝土种类:商品混凝土	m²	1.8	61.17	110.11	
17	010515001001	现浇混凝土钢筋 钢筋种类、规格:圆钢中 φ10以内(含 φ10)0.223t;螺纹钢 φ10以上(含 φ10)0.945t	m²	1.168	4764.29	5564.69	
		本页小计				7522.40	

注:为计取规费等的使用,可在表中增设其中:"定额人工费"。

表 4 - 57　分部分项工程和单价措施项目清单与计价表(4)

工程名称:防寒小屋工程　　　　　　　　　　　　　　　　　　　　第 4 页　共 8 页

序号	项目编码	项目名称	计量单位	工程量	金额(元)		其中
					综合单价	合价	暂估价
18	010802004001	防盗门 1. 门代号及洞口尺寸:M1021 2. 门框或扇外围尺寸:1000×2100 3. 门框、扇材质:钢制	m²	2.1	611.11	1283.33	
19	010807001001	金属(塑钢、断桥)窗 1. 窗代号及洞口尺寸:C1 2. 框、扇材质:塑钢窗	m²	3.6	248.31	893.92	
20	010809004001	石材窗台板 1. 黏结层厚度、砂浆配合比:水泥砂浆 1:2.5 2. 窗台板材质、规格、颜色:大理石板 25mm 厚	m²	0.48	304.02	145.93	
21	010902001001	屋面卷材防水 1. 卷材品种、规格、厚度:SBS 改性沥青防水卷材(双层热贴) 2. 防水层数:双层 3. 防水层做法:3+3 厚双层热熔法,面层涂聚氨酯铝粉作着色剂保护层	m²	10.57	33.13	350.18	
22	011001001001	保温隔热屋面 保温隔热材料品种、规格、厚度:水泥炉渣找坡层最薄处 20mm 厚(1:6),平均 100mm 厚,100mm 厚挤塑苯保温板	m²	7.22	42.43	306.34	
		本页小计				2979.70	

注:为计取规费等的使用,可在表中增设其中:"定额人工费"。

表4-58 分部分项工程和单价措施项目清单与计价表(5)

工程名称:防寒小屋工程   第5页 共8页

序号	项目编码	项目名称	计量单位	工程量	金额(元)		
					综合单价	合价	其中
							暂估价
23	011001003001	保温隔热墙面 1.保温隔热部位:外墙 2.保温隔热方式:铺贴 3.保温隔热材料品种、规格及厚度:50mm厚挤塑聚苯板	m²	50.74	93.81	4759.92	
24	011101006001	平面砂浆找平层 找平层厚度、砂浆配合比:20mm厚1:3水泥砂浆找平层	m²	7.22	8.89	64.19	
25	011102003001	块料楼地面 1.找平层厚度、砂浆配合比:素水泥浆(掺建筑胶)一道,20mm厚1:3水泥砂浆(掺建筑胶)找平层 2.结合层厚度、砂浆配合比:5mm厚1:2.5水泥砂浆(掺建筑胶)结合层 3.面层材料品种、规格、颜色:600×600陶瓷地砖	m²	7.41	147.8	1095.2	
26	011105003001	块料踢脚线 1.踢脚线高度:100mm 2.粘贴层厚度、材料种类:素水泥浆(掺建筑胶)一道,5mm厚1:2.5水泥砂浆(掺建筑胶),8mm厚1:3水泥砂浆(掺建筑胶)	m²	0.99	98.77	97.78	
		本页小计				6017.09	

注:为计取规费等的使用,可在表中增设其中:"定额人工费"。

表4-59　分部分项工程和单价措施项目清单与计价表(6)

工程名称:防寒小屋工程

第6页　共8页

| 序号 | 项目编码 | 项目名称 | 计量单位 | 工程量 | 金额(元) | | 其中 |
					综合单价	合价	暂估价
27	011107002001	块料台阶面 1.找平层厚度、砂浆配合比:素水泥浆(掺建筑胶)一道,20mm 厚1:3水泥砂浆(掺建筑胶)找平层 2.黏结材料种类:5mm厚1:1水泥砂浆(掺建筑胶) 3.面层材料品种、规格、颜色:300×300 防滑地砖	m²	0.9	145.97	131.37	
28	011201001001	墙面一般抹灰 1.墙体类型:栏板 2.底层厚度、砂浆配合比:12mm 厚1:3水泥砂浆打底扫毛 3.面层厚度、砂浆配合比:8mm 厚1:2.5水泥砂浆抹面 4.装饰面材料种类:外墙涂料	m²	11.76	16.94	199.21	
29	011201001002	墙面一般抹灰(内墙) 1.墙体类型:砖墙 2.底层厚度、砂浆配合比:10mm 厚1:3水泥砂浆打底 3.面层厚度、砂浆配合比:6mm 厚1:2.5水泥砂浆抹面,压实赶光 4.装饰面材料种类:涂料	m²	27.71	10.21	282.92	
		本页小计				613.50	

注:为计取规费等的使用,可在表中增设其中:"定额人工费"。

表 4-60 分部分项工程和单价措施项目清单与计价表(7)

工程名称:防寒小屋工程 　　　　　　　　　　　　　　　　　　　　第 7 页　共 8 页

| 序号 | 项目编码 | 项目名称 | 计量单位 | 工程量 | 金额(元) | | 其中 |
					综合单价	合价	暂估价
30	011201001003	墙面一般抹灰(外墙面) 1.墙体类型:砖墙 2.底层厚度、砂浆配合比:12mm 厚 1∶3 水泥砂浆打底扫毛 3.面层厚度、砂浆配合比:8mm 厚 1∶2.5 水泥砂浆抹面 4.装饰面材料种类:外墙涂料	m²	24.86	13.42	333.62	
31	011204003001	块料墙面 1.墙体类型:砖墙 2.安装方式:粘贴 3.面层材料品种、规格、颜色:花岗岩板	m²	13.59	339.27	4610.68	
32	011301001001	天棚抹灰 1.基层类型:现浇混凝土板 2.抹灰厚度、材料种类:素水泥浆(掺建筑胶)一道,5mm 厚水泥砂浆 1∶3 3.砂浆配合比:5mm 厚水泥砂浆 1∶2.5	m²	6.25	12.63	78.94	
33	011407001001	墙面喷刷涂料 1.基层类型:砖 2.喷刷涂料部位:外墙勒脚上 3.涂料品种、喷刷遍数:丙烯酸无光外墙乳胶漆	m²	36.62	27.14	993.87	
		本页小计				6017.11	

注:为计取规费等的使用,可在表中增设其中:"定额人工费"。

表 4-61 分部分项工程和单价措施项目清单与计价表(8)

工程名称:防寒小屋工程

序号	项目编码	项目名称	计量单位	工程量	金额(元)		其中
					综合单价	合价	暂估价
34	011407001002	墙面喷刷涂料 1.基层类型:砖 2.喷刷涂料部位:内墙 3.涂料品种、喷刷遍数:乳胶漆两遍	m²	27.71	10.75	297.88	
35	011407002001	天棚喷刷涂料 1.基层类型:混凝土 2.喷刷涂料部位:天棚 3.涂料品种、喷刷遍数:墙面钙塑涂料(成品)	m²	6.25	25.82	161.38	
36	11	混凝土、钢筋混凝土模板及支架	项	1			
37	12	脚手架	项	1	570.74	570.74	
38	011702001001	基础	m²	1	110.71	110.71	
39	011702003001	构造柱	m²	9.27	20.22	187.44	
40	011702016001	平板	m²	6.25	40.11	250.69	
41	010504001001	直形墙	m³	0.88	361.49	318.11	
42	011702008001	圈梁	m²	9.44	43.27	408.47	
43	011702009001	过梁	m²	2.68	26.61	71.31	
44	011702027001	台阶	m²	1.8	24.39	43.9	
		本页小计				2420.63	
		合 计				32768.48	

注:为计取规费等的使用,可在表中增设其中:"定额人工费"。

4.3.7 总价措施项目清单与计价表

总价措施项目清单与计价表见表 4-62 和表 4-63。

表 4-62 总价措施项目清单与计价表(1)

工程名称:防寒小屋工程　　　　　　　标段:01　　　　　　　第 1 页　共 2 页

序号	项目编码	项目名称	计算基础	费率(%)	金额(元)	调整费率(%)	调整后金额(元)	备注
1	1	安全文明施工(含环境保护、文明施工、安全施工、临时设施)			1258.74			
2	1.1	安全文明施工费	分部分项合计+措施项目合计扣安全文明+其他项目合计+分部分项人工调整费+措施项目人工调整费+其他项目人工调整费	2.6	861.24			
3	1.2	环境保护(含工程排污费)		0.4	132.5			
4	1.3	临时设施		0.8	265			
5	2	冬雨季、夜间施工措施费			180.71			
6	2.1	人工土石方	分部分项清单人工土石方人工费	0.86	7.18			
7	2.2	机械土石方	分部分项清单机械土石方合计	0.1	0.09			
8	2.3	桩基工程	分部分项清单桩基工程合计	0.28				
9	2.4	一般土建	分部分项清单一般土建合计	0.76	142.12			
10	2.5	装饰装修	分部分项清单装饰工程合计	0.3	31.32			
本页合计					1439.45			

编制人(造价人员):　　　　　　　　　　　复核人(造价工程师):

注:1."计算基础"中安全文明施工费可为"定额基价"、"定额人工费"或"定额人工费+定额机械费",其他项目可为"定额人工费"或"定额人工费+定额机械费"。

　　2.按施工方案计算的措施费,若无"计算基础"和"费率"的数值,也可只填"金额"数值,但应在备注栏说明施工方案出处或计算方法。

表 4-63 总价措施项目清单与计价表(2)

工程名称:防寒小屋工程　　　　　　标段:01　　　　　　第 2 页　共 2 页

序号	项目编码	项目名称	计算基础	费率(%)	金额(元)	调整费率(%)	调整后金额(元)	备注
11	3	二次搬运			78.33			
12	3.1	人工土石方	分部分项清单人工土石方人工费	0.76	6.34			
13	3.2	机械土石方	分部分项清单机械土石方合计	0.06	0.06			
14	3.3	桩基工程	分部分项清单桩基工程合计	0.28				
15	3.4	一般土建	分部分项清单一般土建合计	0.34	63.58			
16	3.5	装饰装修	分部分项清单装饰工程合计	0.08	8.35			
17	4	测量放线、定位复测、检测试验			97.24			
18	4.1	人工土石方	分部分项清单人工土石方人工费	0.36	3			
19	4.2	机械土石方	分部分项清单机械土石方合计	0.04	0.04			
20	4.3	桩基工程	分部分项清单桩基工程合计	0.06				
21	4.4	一般土建	分部分项清单一般土建合计	0.42	78.54			
22	4.5	装饰装修	分部分项清单装饰工程合计	0.15	15.66			
23	11	混凝土、钢筋混凝土模板及支架			1390.63			
24	12	脚手架			570.74			
本页合计					2136.94			
合　计					3576.39			

编制人(造价人员):　　　　　　　　　　　　　　复核人(造价工程师):

注:1.“计算基础”中安全文明施工费可为“定额基价”、“定额人工费”或“定额人工费+定额机械费”,其他项目可为“定额人工费”或“定额人工费+定额机械费”。

2.按施工方案计算的措施费,若无“计算基础”和“费率”的数值,也可只填“金额”数值,但应在备注栏说明施工方案出处或计算方法。

4.3.8 其他项目清单与计价汇总表

其他项目清单与计价汇总表见表4-64,其相关明细表、调整表见表4-65至表4-69。

表4-64 其他项目清单与计价汇总表

工程名称:防寒小屋工程　　　　　　标段:01　　　　　　第1页　共1页

序号	项目名称	金额(元)	结算金额(元)	备注
1	暂列金额			明细详见表4-65
2	暂估价			
2.1	材料暂估价			明细详见表4-66
2.2	专业工程暂估价			明细详见表4-67
3	计日工			明细详见表4-68
4	总承包服务费			明细详见表4-69
合　计		0		—

注:材料(工程设备)暂估单价进入清单项目综合单价,此处不汇总。

表4-65 暂列金额明细表

工程名称:防寒小屋工程 标段:01 第1页 共1页

序号	项目名称	计量单位	暂定金额(元)	备注
1				
合　计				—

注:此表由招标人填写,如不能详列,也可只列暂列金额总额,投标人应将上述暂列金额计入投标总价中。

表 4 - 66　材料(工程设备)暂估单价及调整表

工程名称:防寒小屋工程　　　　　标段:01　　　　　　　　　第 1 页　共 1 页

序号	材料(工程设备)名称、规格、型号	计量单位	数量		暂估(元)		确认(元)		差额±(元)		备注
			暂估	确认	单价	合价	单价	合价	单价	合价	
合计											

注:此表由招标人填写"暂估单价",并在备注栏说明暂估价的材料、工程设备拟用在哪些清单项目上,投标人应将上述材料、工程设备暂估单价计入工程量清单综合单价报价中。

表 4－67 专业工程暂估价及结算价表

工程名称:防寒小屋工程 标段:01 第 1 页 共 1 页

序号	工程名称	工程内容	暂估金额(元)	结算金额(元)	差额±(元)	备注
1						
	合 计		0			—

注:此表"暂估金额"由招标人填写,投标人应将"暂估金额"计入投标总价中。结算时按合同约定结算金额填写。

表4-68 计日工表

工程名称:防寒小屋工程   标段:01   第 1 页 共 1 页

编号	项目名称	单位	暂定数量	实际数量	综合单价（元）	合价	
						暂定	实际
1	人工						
1.1							
人工小计							
2	材料						
2.1							
材料小计							
3	机械						
3.1							
机械小计							
4.企业管理费和利润							
总　计							

注:此表项目名称、暂定数量由招标人填写,编制招标控制价时,单价由招标人按有关计价规定确定;投标时,单价由投标人自主报价,按暂定数量计算合价计入投标总价中。结算时,按发承包双方确认的实际数量计算合价。

表 4-69 总承包服务费计价表

工程名称:防寒小屋工程　　　　　　　标段:01　　　　　　　第 1 页　共 1 页

序号	项目名称	项目价值(元)	服务内容	计算基础	费率(%)	金额(元)
1	发包人发包专业工程管理服务费					
2	发包人供应材料、设备保管费					
		项目价值(元)				
	合　　计					

注:此表项目名称、服务内容由招标人填写,编制招标控制价时,费率及金额由招标人按有关计价规定确定;
投标时,费率及金额由投标人自主报价,计入投标总价中。

4.3.9 规费、税金项目计价表

规费、税金项目计价表见表4-70。

表4-70 规费、税金项目计价表

工程名称:防寒小屋工程　　标段:01　　　　　　　　　　　第1页　共1页

序号	项目名称	计算基础	计算基数	计算费率（%）	金额（元）
1	规费	养老保险＋失业保险＋医疗保险＋工伤保险＋残疾人就业保险＋女工生育保险＋住房公积金＋危险作业意外伤害保险	1605.71		1605.71
1.1	社会保障费	养老保险＋失业保险＋医疗保险＋工伤保险＋残疾人就业保险＋女工生育保险	1478.49		1478.49
1.2	养老保险	分部分项工程费＋措施项目费＋其他项目费	34383.5	3.55	1220.61
1.3	失业保险	分部分项工程费＋措施项目费＋其他项目费	34383.5	0.15	51.58
1.4	医疗保险	分部分项工程费＋措施项目费＋其他项目费	34383.5	0.45	154.73
1.5	工伤保险	分部分项工程费＋措施项目费＋其他项目费	34383.5	0.07	24.07
1.6	残疾人就业保险	分部分项工程费＋措施项目费＋其他项目费	34383.5	0.04	13.75
1.7	女工生育保险	分部分项工程费＋措施项目费＋其他项目费	34383.5	0.04	13.75
1.8	住房公积金	分部分项工程费＋措施项目费＋其他项目费	34383.5	0.3	103.15
1.9	危险作业意外伤害保险	分部分项工程费＋措施项目费＋其他项目费	34383.5	0.07	24.07
2	税金	分部分项工程费＋措施项目费＋其他项目费＋规费	35989.21	3.48	1252.42
合计					2858.13

编制人(造价人员):　　　　　　　　　　　　复核人(造价工程师):

4.3.10 单位工程招标控制价汇总表

单位工程招标控制价汇总表见表4-71、表4-72。

表4-71 单位工程招标控制价汇总表

工程名称:防寒小屋工程　　　　　　　　标段:　　　　　　　　　　　　第1页 共2页

序号	汇总内容	金额(元)	其中:暂估价(元)
1	分部分项工程费	30807.11	
1.1	A.1 土石方工程	1187.28	
1.2	A.4 砌筑工程	2245.24	
1.3	A.5 混凝土及钢筋混凝土工程	11287.93	
1.4	A.8 门窗工程	2323.18	
1.5	A.9 屋面及防水工程	350.18	
1.6	A.10 保温、隔热、防腐工程	5066.26	
1.7	A.11 楼地面装饰工程	1388.54	
1.8	A.12 墙、柱面装饰与隔断、幕墙工程	5426.43	
1.9	A.13 天棚工程	78.94	
1.10	A.14 油漆、涂料、裱糊工程	1453.13	
1.1	∑(综合单价×工程量)	30807.11	
1.2	可能发生的差价		
2	措施项目费	3576.39	
2.1	∑(综合单价×工程量)	3576.39	
2.2	可能发生的差价		
2.3	其中:安全文明施工措施费	1258.74	
3	其他项目费		—
3.1	∑(综合单价×工程量)		
3.2	可能发生的差价		
4	规费	1605.71	—
4.1	社会保障费	1478.49	—
4.1.1	养老保险	1220.61	—
4.1.2	失业保险	51.58	—
4.1.3	医疗保险	154.73	—

表4-72 单位工程招标控制价汇总表

工程名称:防寒小屋工程　　　　　　　标段:　　　　　　　　　

序号	汇总内容	金额(元)	其中:暂估价(元)
4.1.4	工伤保险	24.07	—
4.1.5	残疾人就业保险	13.75	—
4.1.6	女工生育保险	13.75	—
4.2	住房公积金	103.15	—
4.3	危险作业意外伤害保险	24.07	—
5	不含税单位工程造价	35989.21	
6	税金	1252.42	—
	招标控制价合计=5+6-4.1.1	37241.63	

注:本表适用于单位工程招标控制价或投标报价的汇总,如无单位工程划分,单项工程也使用本表汇总。

4.3.11　封面

封面见表 4-73。

表 4-73　封面

_____防寒小屋工程_____工程

招标控制价

招　标　人：_____

（单位盖章）

造价咨询人：_____

（单位盖章）

年　　月　　日

总说明见表 4 - 74。

表 4 - 74 总说明

工程名称:防寒小屋工程   第 1 页 共 1 页

复习思考题

1. 填空题

(1)中标候选人经招标人确认并经招标投标管理机构核准后即为中标人,中标人的( )即为中标价,中标价即为( )。

(2)建筑工程设计概算的编制方法有:用概算定额、( )、( )编制设计概算。

(3)建设工程合同按完成承包的内容来划分,可分为建设工程勘察合同、( )和( )等三种。

(4)在合同履行过程中,发包人现场代表与承包人现场代表就施工过程中涉及的责任事件所作的签认证明称为( )。对于应由对方承担责任的事件造成的损失,向对方提出补偿的要求称为( )。

(5)竣工结算时,分部分项工程费应依据双方确认的工程量、( )和( )计算;如综合单价发生调整的,以发、承包双方确认调整的综合单价计算。

2. 案例题

(1)按照以下给定条件计算工程合同总价。

渭南市区某单位工程项目业主通过工程量清单招标方式确定某投标人为中标人,并与其签订了工程承包合同,工期四个月。有关工程价款条款如下:

①分部分项工程量清单中只有四个清单项目,如表4-75所示。

表4-75 分部分项工程量清单

序号	项目编码	项目名称	计量单位	工程数量	综合单价
1	010401003001	实心砖墙	m³	56	260
2	010505001001	有梁板	m³	40	370
3	010501004001	满堂基础	m³	18	430
4	010801001001	木质门	m²	13	520

②措施项目费用:安全文明施工措施费按规定计取,除安全文明施工措施费外的措施费用2000元。

③其他项目费用中只有专业工程暂估价3000元。

④安全文明施工措施费、规费和税金按2009年《陕西省建设工程工程量清单计价费率》计算。

根据以上条件计算工程的相关费用填入表4-76。

表4-76 工程的相关费用

序号	计费项目	计算式	金额(元)
1	分部分项工程费		
2	措施项目费		
3	其他项目费		
4	规费		
5	税金		
6	含税单位工程造价		

(2)根据给定条件,使用 2009 年《陕西省建设工程工程量清单计价规则》、2009 年《陕西省建设工程工程量清单计价费率》及陕西省现行相关规范,完成招标最高限价的措施项目清单计价工作。

①分部分项工程费为 93 万元,其中:桩基工程 10 万元,一般土建工程费为 50 万元,装饰工程费为 30 万元,人工差价 3 万元;

②暂列金额 5 万元,总承包服务费 1 万元;

③招标文件中的措施项目清单如表 4-77 所示。

表 4-77　措施项目清单

序号	项 目 名 称	计量单位	工程数量	金额(元)	
				综合单价（含计算式）	合价
1	安全文明施工措施费	项	1		
2	冬雨季、夜间施工措施费	项	1		
合计					

附录 1　工程量清单、招标控制价、投标报价用表

一、工程量清单用表

1. 封-1 招标工程量清单封面
2. 扉-1 招标工程量清单扉页
3. 表-01 总说明(见表 4 - 74)
4. 表-08 分部分项工程和单价措施项目清单与计价表(见表 4 - 54 至表 4 - 61)
5. 表-11 总价措施项目清单与计价表(见表 4 - 62 和表 4 - 63)
6. 表-12 其他项目清单与计价汇总表(见表 6 - 64)
7. 表-12 - 1 暂列金额明细表(见表 6 - 65)
8. 表-12 - 2 材料(工程设备)暂估价及调整表(见表 4 - 66)
9. 表-12 - 3 专业工程暂估价及结算价表(见表 4 - 67)
10. 表-12 - 4 计日工表(见表 4 - 68)
11. 表-12 - 5 总承包服务费计价表(见表 4 - 69)
12. 表-13 规费、税金项目清单与计价表(见表 4 - 70)
13. 表-20 发包人提供材料和工程设备一览表
14. 表-21 承包人提供主要材料和工程设备一览表
15. 表-22 承包人提供主要材料和工程设备一览表

二、招标控制价用表

1. 封-2 招标控制价封面(见表 4 - 73)
2. 扉-2 招标控制价扉页
3. 表-01 总说明(见表 4 - 74)
4. 表-04 单位工程招标控制价汇总表
5. 表-08 分部分项工程和单价措施项目清单与计价表(见表 4 - 54 至表 4 - 61)
6. 表-09 综合单价分析表(见表 4 - 10 至表 4 - 53)
7. 表-11 总价措施项目清单与计价表(见表 4 - 62 和表 4 - 63)
8. 表-12 其他项目清单与计价汇总表(见表 4 - 64)
9. 表-12 - 1 暂列金额明细表(见表 4 - 65)
10. 表-12 - 2 材料(工程设备)暂估价及调整表(见表 4 - 66)
11. 表-12 - 3 专业工程暂估价及结算价表(见表 4 - 67)
12. 表-12 - 4 计日工表(见表 4 - 68)
13. 表-12 - 5 总承包服务费计价表(见表 4 - 69)
14. 表-13 规费、税金项目清单与计价表(见表 4 - 70)

附录 2 《陕西省建设工程工程量清单计价费率》

说　明

根据《陕西省建设工程造价管理办法》(陕西省人民政府令第133号)、《陕西省建设工程工程量清单计价规则(2009)》(以下简称《09规则》),在2004年颁发的《陕西省建筑工程、安装工程、装饰工程、市政工程、园林绿化工程参考费率》的基础上,编制了《陕西省建设工程工程量清单计价费率》(以下简称"计价费率")。

一、计价费率的项目组成

计价费率的项目由规费、企业管理费、利润、以费率计取的措施费和税金组成。

(一)规费

内容包括:

1.社会保障保险

(1)养老保险(劳保统筹基金);

(2)失业保险;

(3)医疗保险;

(4)工伤保险;

(5)残疾人就业保险;

(6)女工生育保险。

2.住房公积金

3.危险作业意外伤害保险

(二)企业管理费

(三)利润

(四)以费率计取的措施费

内容包括:

1.安全文明施工措施费

(1)安全文明施工费;

(2)环境保护费(含工程排污费);

(3)临时设施费。

2.冬雨季、夜间施工措施费

3.二次搬运费

4.测量放线、定位复测、检测试验费

（五）税金

二、计价费率的适用范围

计价费率适用于房屋建筑、市政基础设施新建、扩建工程。各专业适用范围如下：

（一）建筑工程

（1）人工土石方工程：人工施工的土石方工程。

（2）机械土石方工程：机械施工的土石方及强夯工程。

（3）桩基工程：机械施工各种砼预制桩、钢板桩及各类灌注桩、挤密桩、震冲桩、深层搅拌喷粉（浆）桩等桩基工程。

（4）一般土建工程：不含人工土石方、机械土石方及桩基工程。

（二）装饰装修工程

（三）安装工程

（四）市政工程

（1）市政工程（土建）：市政工程的道路、桥涵、隧道、排水工程以及土石方（包括市政工程（安装）项目的土石方）工程。

（2）市政工程（安装）：市政工程的给水、燃气、集中供热、路灯工程。

（五）园林绿化工程

三、计价费率的基期综合人工单价

建筑工程、安装工程、市政工程、园林绿化工程的基期综合人工单价为 42 元/工日，装饰工程为 50 元/工日。

综合人工单价包括：生产工人的基本工资、工资性补贴、辅助工资、福利费、劳动保护费以及实行社会保障保险（规费）按规定应由职工个人缴纳的部分。

四、计价费率的使用规定

（1）计价费率中的规费、安全文明施工措施费和税金为不可竞争费率，编制最高限价、投标报价、约定合同价以及竣工结算均必须按照规定计取，不得缺项，也不得对费率实行浮动。

（2）编制最高限价，应以本计价费率中全部费率为依据。以体现招标最高限价为社会平均价的编制原则。

（3）编制投标报价，除规费、安全文明施工措施费和税金三项不可竞争费率外，其余费率由投标人自主确定，也可参考本计价费率中相关费率。

（4）约定合同价，招标工程应以中标价中的计价费率为依据，不得改变其计价费率。

（5）采用工程量清单计价方式直接发包的工程，合同价中的规费、安全文明施工措施费和税金三项不可竞争费率应按规定计取，其他费率可由发承包双方协商确定，也可参照本计价费率计取。

（6）竣工结算依据合同约定的计价费率计取。

（7）养老保险（劳保统筹基金）实行行业统筹，由项目业主缴纳。编制招标最高限价和投标报价时按规定计价。结算工程价款不包括养老保险（劳保统筹基金）。

（8）税金不分专业，以分部分项工程费、措施项目费、其他项目费、规费之和为基础计价。

五、其他需要说明的问题

1.关于总承包服务费的计价

当发包人对专业工程进行分包、自行采购供应部分材料设备(计入建筑安装工程费的设备)时,应在招标文件中明确总承包服务的范围及深度,计列总承包服务费,专业工程的总承包服务费可按分包工程造价的2%～4%计取;发包人只采购供应材料、设备的可按其总价值的0.8%～1.2%计取。

投标人自主确定总承包服务费的报价。

2.关于停工损失费的索赔

承包人按照双方约定进入施工现场后,因发包人原因造成连续停工超过24小时,且不存在转移施工机械和人员的必要条件,发生的停工损失,由发包人承担,并应按索赔程序办理。

停工损失费的索赔应按发承包双方约定计算,无约定或约定不明确的可参照下式计算:

施工机械停工损失费＝停工天数×陕西省建设工程施工机械台班价目表单价×0.4

施工人员停工损失费＝施工现场所有工作人员停工总日数×基期综合日工资单价

周转性材料停工损失费＝停工天数×周转性材料租赁单价/天

上述周转性材料是指模板及支架、脚手架钢管、扣件等。

计价费率

一、不可竞争费率

1.规费(不分专业)(%)

计费基础	养老保险(劳保统筹基金)	失业保险	医疗保险	工伤保险	残疾人就业保险	生育保险	住房公积金	意外伤害保险
分部分项工程费＋措施费＋其他项目费	3.55	0.15	0.45	0.07	0.04	0.04	0.30	0.07

2.安全文明施工措施费

(1)建筑、安装、装饰工程(%)。

计费基础	安全文明施工费	环境保护费(含排污)	临时设施费
分部分项工程费＋措施费＋其他项目费	2.60	0.40	0.80

(2)市政、园林绿化工程(%)。

计费基础	安全文明施工费	环境保护费(含排污)	临时设施费
分部分项工程费＋措施费＋其他项目费	1.80	0.40	0.80

3.税金(不分专业)

计税基础	适用	税率(%)
分部分项工程费＋措施费＋其他项目费＋规费	纳税地点在市区	3.41
	纳税地点在县城、镇	3.35
	纳税地点在市区、县城、镇以外	3.22

二、企业管理费、利润、措施费率

1. 建筑工程

(1)企业管理费。

适用	计费基础	费率(%)
一般土建工程	分项直接工程费	5.11
机械土石方	分项直接工程费	1.70
桩基工程	分项直接工程费	1.72
人工土石方	人工费	3.58

(2)利润。

适用	计费基础	费率(%)
一般土建工程	分项直接工程费＋企业管理费	3.11
机械土石方	分项直接工程费＋企业管理费	1.48
桩基工程	分项直接工程费＋企业管理费	1.07
人工土石方	人工费	2.88

(3)措施费(以费率计取部分)(%)。

适用	计费基础	冬雨季、夜间施工措施费	二次搬运费	测量放线、定位复测、检测试验费
一般土建工程	分部分项工程费减可能发生的差价	0.76	0.34	0.42
机械土石方		0.10	0.06	0.04
桩基工程		0.28	0.28	0.06
人工土石方	人工费	0.86	0.76	0.36

2. 装饰工程

(1)企业管理费。

计费基础	费率(%)
分项直接工程费	3.83

(2)利润。

计算基础	费率(%)
分项直接工程费＋管理费	3.37

(3)措施费(以费率计取部分)(%)。

计费基础	冬雨季、夜间施工措施费	二次搬运费	测量放线、定位复测、检测试验费
分部分项工程费减可能发生的差价	0.30	0.08	0.15

3.安装工程

(1)企业管理费。

计费基础	费率(%)
人工费	20.54

(2)利润。

计算基础	费率(%)
人工费	22.11

(3)措施费(以费率计取部分)(%)。

计费基础	冬雨季、夜间施工措施费	二次搬运费	测量放线、定位复测、检测试验费
人工费	3.28	1.64	1.45

4.市政工程

(1)企业管理费。

适用	计费基础	费率(%)
市政工程(土建)	人工费＋机械费	11.60
市政工程(安装)	人工费	20.67

(2)利润。

适用	计费基础	费率(%)
市政工程(土建)	人工费＋机械费	10.45
市政工程(安装)	人工费	22.85

(3)措施费(以费率计取部分)(%)。

计费基础	计费基础	冬雨季、夜间施工措施费	二次搬运费	测量放线、定位复测、检测试验费
市政工程(土建)	人工费＋机械费	2.61	1.83	1.09
市政工程(安装)	人工费	5.31	3.71	3.12

5.园林绿化工程

(1)企业管理费。

计费基础	费率(%)
人工费	21.89

(2)利润。

计费基础	费率(%)
人工费	24.19

（3）措施费（以费率计取部分）（％）。

计费基础	冬雨季、夜间 施工措施费	二次 搬运费	测量放线、定位复 测、检测试验费
人工费	5.61	3.92	1.74

建筑安装工程费用项目组成

建筑安装工程费由分部分项工程费、措施费、其他项目费、规费和税金组成。

一、分部分项工程费

分部分项工程费由直接工程费、企业管理费和利润组成。

（一）直接工程费

直接工程费是指施工过程中耗费的构成工程实体的各项费用，包括人工费、材料费、施工机械使用费。

1. 人工费

人工费是指直接从事建筑安装工程施工的生产工人开支的各项费用，内容包括：

（1）基本工资；

（2）工资性补贴；

（3）生产工人辅助工资；

（4）职工福利费；

（5）生产工人劳动保护费；

（6）参加社会保障保险按规定由职工个人缴纳的费用。

2. 材料费

材料费是指施工过程中耗费的构成工程实体的原材料、辅助材料、构配件、零件、半成品的费用。其内容包括：

（1）材料原价（或供应价格）。

（2）材料运杂费：是指材料自来源地运至工地仓库或指定堆放地点所发生的全部费用。

（3）运输损耗费：是指材料在运输装卸过程中不可避免的损耗。

（4）采购及保管费：是指为组织采购、供应和保管材料过程中所需要的各项费用，包括：采购费、仓储费、工地保管费、仓储损耗。

3. 施工机械使用费

施工机械使用费是指施工机械作业所发生的机械使用费以及机械安拆费和场外运费。施工机械台班单价应由下列七项费用组成：

（1）折旧费：指施工机械在规定的使用年限内，陆续收回其原值及购置资金的时间价值。

（2）大修理费：指施工机械按规定的大修理间隔台班进行必要的大修理，以恢复其正常功能所需的费用。

（3）经常修理费：指施工机械除大修理以外的各级保养和临时故障排除所需的费用，包括为保障机械正常运转所需替换设备与随机配备工具附具的摊销和维护费用，机械运转中日常保养所需润滑与擦拭的材料费用及机械停滞期间的维护和保养费用等。

（4）中小型机械安拆费及场外运费：安拆费指施工机械在现场进行安装与拆卸所需的人

工、材料、机械和试运转费用以及机械辅助设施的折旧、搭设、拆除等费用;场外运费指施工机械整体或分体自停放地点运至施工现场或由一施工地点运至另一施工地点的运输、装卸、辅助材料及架线等费用。

(5)人工费:指机上司机(司炉)和其他操作人员的工作日人工费及上述人员在施工机械规定的年工作台班以外的人工费。

(6)燃料动力费:指施工机械在运转作业中所消耗的固体燃料(煤、木柴)、液体燃料(汽油、柴油)及水、电等。

(7)养路费及车船使用税:指施工机械按照国家规定和有关部门规定应缴纳的养路费、车船使用税、保险费及年检费等。

(二)企业管理费

企业管理费是指建筑安装企业组织施工生产和经营管理所需费用。其内容包括:

(1)管理人员工资:是指管理人员的基本工资、工资性补贴、职工福利费、劳动保护费等。

(2)办公费。

(3)差旅交通费。

(4)固定资产使用费。

(5)工具用具使用费。

(6)工会经费。

(7)职工教育经费。

(8)财产保险费。

(9)财务费。

(10)税金:是指企业按规定缴纳的房产税、车船使用税、土地使用税、印花税等。

(11)技术开发、技术转让费。

(12)其他:包括业务招待费、绿化费、广告费、公证费、法律顾问费、审计费、咨询费;由企业按规定支付离退休职工的各项经费、六个月以上的病假人员工资、职工死亡丧葬补助费、抚恤金等。

(三)利润

二、措施费

措施费是指为完成工程项目施工,发生于该工程施工前和施工过程中非工程实体项目的费用。其内容包括:

(一)通用措施项目费

1.安全文明施工措施费

(1)安全文明施工费:是指施工现场安全施工和文明施工所需要的各项费用。

(2)环境保护费(含工程排污费):是指施工现场为达到环保部门要求所需要的各项费用及施工现场按规定缴纳的工程排污费。

(3)临时设施费:是指施工企业为进行建筑工程施工所必须搭设的生活和生产用的临时建筑物、构筑物和其他临时设施费用等。

临时设施包括:临时宿舍、文化福利及公用事业房屋与构筑物,仓库、办公室、加工厂以及规定范围内道路、水、电、管线等临时设施和小型临时设施。

临时设施费用包括:临时设施的搭设、维修、拆除费或摊销费。

2.冬雨季及夜间施工措施费

(1)冬雨季施工费:是指在冬雨季施工期间为确保工程质量所采取的技术措施及施工降效所发生的费用。

(2)夜间施工费:是指因夜间施工所发生的夜班补助费、夜间施工降效、夜间施工照明设备摊销及照明用电等费用。

3.二次搬运费

二次搬运费是指因施工场地狭小等特殊情况而发生的二次搬运费用。

4.测量放线、定位复测、检测试验费

(1)测量放线、定位复测费。

(2)检测试验费:是指对建筑材料、构件和建筑安装物进行一般鉴定、检查所发生的费用,包括自设试验室进行试验所耗用的材料和化学药品等费用。不包括新结构、新材料的试验费和建设单位对具有出厂合格证明的材料进行检验,对构件做破坏性试验、地基基础承载力试验及其他特殊要求检验试验的费用。

5.大型机械设备进出场及安拆费

大型机械设备进出场及安拆费是指机械整体或分体自停放场地运至施工现场或由一个施工地点运至另一个施工地点,所发生的机械进出场运输及转移费用及机械在施工现场进行安装、拆卸所需的人工费、材料费、机械费、试运转费和安装所需的辅助设施的费用。

6.已完工程及设备保护费

已完工程及设备保护费是指竣工验收前,对已完工程及设备进行保护所需费用。

7.施工排水、降水费

施工排水、降水费是指为确保工程在正常条件下施工,采取各种排水、降水措施所发生的各种费用。

8.施工影响场地周边地上、地下设施及建筑物安全的临时保护设施

(二)专业工程措施项目费

三、其他项目费

其他项目费由暂列金额、专业工程暂估价、计日工和总承包服务费等组成。

(1)暂列金额:招标人在工程量清单中暂定并包括在合同价款中的一笔款项。

(2)暂估价:招标人在工程量清单中提供的拟另行分包专业工程的金额。

(3)计日工:在施工过程中,完成发包人提出的施工图纸以外的零星项目或工作,按合同中约定的综合单价计价。

(4)总承包服务费:总承包人对发包人另行分包工程进行施工现场协调、服务,对发包人采购设备、材料管理、服务以及竣工资料汇总整理等服务所需的费用。

四、规费

规费是指国家、省级有关主管部门规定必须缴纳的,应计入建筑安装工程造价的费用(简称规费)。其内容包括:

(一)社会保障保险

1.养老保险(劳保统筹基金)

2.失业保险

3.医疗保险

4.工伤保险

5.残疾人就业保险

6.女工生育保险

(二)住房公积金

(三)意外伤害保险

五、税金

税金是指国家税法规定的应计入建筑安装工程造价内的营业税、城市维护建设税及教育费附加等。

附录 3 陕西省调价文件

陕西省住房和城乡建设厅
关于调整房屋建筑和市政基础设施工程工程量清单计价
综合人工单价的通知

陕建发〔2015〕319 号

各设区市建设局（建委、规划局、市政局）、杨凌示范区规划局、西咸新区规划建设局、韩城市规划建设局、神木和府谷县住房和城乡建设局、各有关单位：

2014 年以来，建筑劳务市场人工单价普遍上涨，为客观反映我省建设工程人工单价水平，根据《陕西省建设工程造价管理办法》和 2009《陕西省建设工程工程量清单计价规则》相关条文规定，我厅在对省内外人工工日单价情况深入调研的基础上，现对我省建设工程综合人工单价调整如下：

一、调整标准

综合人工单价：建筑工程、安装工程、市政工程、园林绿化工程由原 72.50 元/工日调整为 82 元/工日；装饰工程由原 86.10 元/工日调整为 90.00 元/工日；仿古建筑工程预算定额中第五、六、七、十、十一、十二章执行装饰工程调整标准，其余章节执行建筑工程调整标准；修缮工程执行建筑工程调整标准；综合人工单价调整后，调增部分计入差价。

二、执行时间及有关规定

本《通知》从 2016 年 1 月 1 日起执行。截至 2015 年 12 月 31 日前未办理竣工结算的工程，合同约定执行国家调价政策的，2016 年 1 月 1 日以后完成的工作量，执行调整后标准；合同未约定或约定不明确的，是否调整及调整幅度由合同双方商定。

三、本《通知》由陕西省建设工程造价总站负责解释。

陕西省住房和城乡建设厅

2015 年 12 月 23 日

陕西省住房和城乡建设厅
关于调整陕西省建设工程计价依据的通知

陕建发〔2018〕84 号

各设区市住房和城乡建设局(规划局、建委),西安市市政公用局,西安市地铁办,杨凌示范区住房和城乡规划建设局,西咸新区建设局,韩城市住房和城乡建设局,神木市住房和城乡建设局,府谷县住房和城乡建设局,各有关单位:

为贯彻落实住房城乡建设部办公厅《关于调整建设工程计价依据增值税税率的通知》(建办标〔2018〕20 号)精神,依据文件相关规定,经测算,现将我省建设工程计价依据调整办法通知如下,请遵照执行:

一、计价程序

1.建筑工程、装饰装修工程、安装工程、市政工程、园林绿化工程、西安市城市轨道交通工程

序号	内容	计算式
1	分部分项工程费	$\sum$(综合单价×工程量)+可能发生的差价
2	措施项目费	$\sum$(综合单价×工程量)+可能发生的差价
3	其他项目费	$\sum$(综合单价×工程量)+可能发生的差价
4	规费	(1+2+3)×费率
5	税前工程造价	(1+2+3+4)×综合系数
6	增值税销项税额	(5)×10%
7	附加税	(1+2+3+4)×税率
8	工程造价	5+6+7

2.市政设施维修养护工程

| 序号 | 项目名称 | 计算式 | 合价 | 其中 | | | 备注 |
				人工费	材料费	机械费	
1	项目直接费	$\sum$定额基价	A	B	C	D	A=B+C+D
2	差价		E				
3	直接费	A+E	A1				
4	其他直接费	(B+D)×费率	A2				
5	企业管理费	(B+D)×费率	A3				
6	利润	(B+D)×费率	A4				
7	安全文明施工措施费	(A1+A2+A3+A4)×费率	A5				
8	规费	(A1+A2+A3+A4+A5)×费率	A6				

序号	项目名称	计算式	合价	其中			备注
				人工费	材料费	机械费	
9	税前工程造价	(A1+A2+A3+A4+A5+A6)×综合系数	A7				
10	增值税销项税额	A7×10%	A8				
11	附加税	(A1+A2+A3+A4+A5+A6)×税率	A9				
12	工程造价	A7+A8+A9					

3.仿古建筑工程

序号	项目名称	计算式	合价	其中			备注
				人工费	材料费	机械费	
1	项目直接费	∑定额基价	A	B	C	D	A=B+C+D
2	高台增加费	B×规定系数	B1	B1			
3	超高增加费	B×规定系数	B2	B2			
4	差价		E				
5	直接费	A+B1+B2+E	A1	B3			B3=B+B1+B2
6	其他直接费	B3×费率	A2				
7	企业管理费	B3×费率	A3				
8	利润	B3×费率	A4				
9	安全文明施工措施费	(A1+A2+A3+A4)×费率	A5				
10	规费	(A1+A2+A3+A4+A5)×费率	A6				
11	税前工程造价	(A1+A2+A3+A4+A5+A6)×综合系数	A7				
12	增值税销项税额	A7×10%	A8				
13	附加税	(A1+A2+A3+A4+A5+A6)×税率	A9				
14	工程造价	A7+A8+A9					

4.房屋修缮工程

序号	项目名称	计算式	合价	备注
		以上按原费用定额规定计算		
1	直接工程费		B	
2	间接费	按原费用定额规定计算	B1	
3	贷款利息	按原费用定额规定计算	B2	
4	利润	按原费用定额规定计算	B3	
5	差价	按原费用定额规定计算	B4	

序号	项目名称	计算式	合价	备注
6	养老保险统筹	（B＋B1＋B2＋B3＋B4）×费率	B5	
7	四项保险	（B＋B1＋B2＋B3＋B4）×费率	B6	
8	税前工程造价	（B＋B1＋B2＋B3＋B4＋B5＋B6）×综合系数	B7	
9	增值税销项税额	B7×10％	B8	
10	附加税	（B＋B1＋B2＋B3＋B4＋B5＋B6）×税率	B9	
11	工程造价	B7＋B8＋B9	A	

5.附加税指城市维护建设税、教育费附加、地方教育费附加三项,税率如下

序号	工程项目	税率(%)
1	纳税地点在市区	0.48
2	纳税地点在县城、镇	0.41
3	纳税地点在市区、县城、镇以外	0.28

二、综合系数

经测算,各专业的综合系数如下。

1.建筑工程

建筑工程综合系数表

序号	专业分类	综合系数
1	人工土石方工程	0.9725
2	机械土石方工程	0.9459
3	桩基工程	0.9377
4	土建工程(除砖混工程外)	0.9318
5	砖混工程	0.9499
6	构筑物工程	0.9361
7	钢结构工程	0.9221
8	装饰工程	0.9196

2.安装工程

安装工程综合系数表

序号	专业分类	综合系数
1	安装工程(长距离输送管道土石方工程除外)	0.9242
2	长距离输送管道土石方工程	0.9836

3.市政园林绿化工程

市政园林绿化工程综合系数表

序号	专业分类	综合系数
1	市政工程（土建）	0.9468
2	市政工程（安装）	0.9166
3	市政维修养护工程	0.9236
4	园林景观工程	0.9266
5	园林绿化工程	0.9206

4.西安市城市轨道交通工程

西安市城市轨道交通工程综合系数表

序号	专业分类	综合系数
1	明挖车站及区间（含盖挖车站）	0.9501
2	盾构区间	0.9360
3	暗挖车站及区间	0.9387
4	高架车站及区间	0.9636
5	车辆段、停车场及控制中心、地面车站等其他建筑工程	0.9522
6	轨道工程	0.9132
7	外部电源工程	
7.1	沟道工程及主变电站土建工程	0.9589
7.2	安装工程	0.9078
8	供电系统工程	0.9079
9	通号系统工程（含通信、信号、综合监控、安防系统、计算机网络系统等）	0.9257
10	车站设备安装及装修	
10.1	安装工程（含风、水、电、气灭、FAS、BAS等）	0.9192
10.2	装修工程	0.9164

5.仿古建筑工程

仿古建筑工程综合系数表

序号	专业分类	综合系数
1	仿古建筑工程	0.9301

6.房屋修缮工程

房屋修缮工程综合系数表

序号	专业分类	综合系数
1	拆除工程	0.9725
2	建筑工程	0.9499

续表

序号	专业分类	综合系数
3	装饰工程	0.9196
4	仿古工程	0.9369
5	暖通工程	0.9251
6	电气工程	0.9305
7	电梯工程	0.9172

三、执行时间及有关规定

1. 2018 年 5 月 1 日起,新开工的房屋建筑和市政基础设施工程应执行本《通知》规定。

2. 凡在 2018 年 4 月 30 日前开工的在建工程,2018 年 4 月 30 日以前完成的工作量执行《陕西省住房和城乡建设厅关于调整陕西省建设工程计价依据的通知》(陕建发〔2016〕100 号)文件规定;2018 年 5 月 1 日以后完成的工作量执行本通知的规定。

四、其他说明

本《通知》由陕西省建设工程造价总站负责解释。执行过程中遇到的问题,请及时反映给陕西省建设工程造价总站。

陕西省住房和城乡建设厅

2018 年 4 月 28 日

参考文献

[1] 住房和城乡建设部,国家质量监督检验检疫总局.建设工程工程量清单计价规范 GB 50500—2013[S].北京:中国计划出版社,2013.

[2] 住房和城乡建设部,国家质量监督检验检疫总局.房屋建筑与装饰工程工程量计算规范 GB 50854—2013[S].北京:中国计划出版社,2013.

[3] 中国建设工程造价管理协会.建设工程造价管理基础知识[M].北京:中国计划出版社,2010.

[4] 陕西省住房和城乡建设厅.陕西省建筑装饰工程消耗量定额[S].西安:陕西人民出版社,2004.

[5] 陕西省住房和城乡建设厅.陕西省建筑装饰市政园林绿化工程价目表[S].西安:陕西人民出版社,2010.

图书在版编目(CIP)数据

建筑工程量清单计价/刘盛辉主编. —西安:西安
交通大学出版社,2017.10
ISBN 978-7-5693-0228-8

Ⅰ.①建… Ⅱ.①刘… Ⅲ.①建筑工程-工程造价
Ⅳ.①TU723.3

中国版本图书馆 CIP 数据核字(2017)第 260757 号

书 名	建筑工程量清单计价	
主 编	刘盛辉	
责任编辑	祝翠华	

出版发行　西安交通大学出版社
　　　　　(西安市兴庆南路 10 号　邮政编码 710049)
网　址　http://www.xjtupress.com
电　话　(029)82668357　82667874(发行中心)
　　　　　(029)82668315(总编办)
传　真　(029)82668280
印　刷　西安明瑞印务有限公司

开　本　787mm×1092mm　1/16　印张 13.125　字数 324 千字
版次印次　2018 年 8 月第 1 版　2018 年 8 月第 1 次印刷
书　号　ISBN 978-7-5693-0228-8
定　价　32.80 元

购书、书店添货,如发现印装质量问题,请与本社发行中心联系、调换。
线:(029)82665248　(029)82665249
:(029)82668133
xj_rwjg@126.com